· 语 文 阅 读 推 荐 丛 书 ·

灰尘的旅行

高士其／著　高志其／编选

人民文学出版社

图书在版编目(CIP)数据

灰尘的旅行/高士其著;高志其编选.—北京:人民文学出版社,2022(2025.1重印)
(语文阅读推荐丛书)
ISBN 978-7-02-017247-4

Ⅰ.①灰… Ⅱ.①高…②高… Ⅲ.①细菌—青少年读物 Ⅳ.①Q939.1-49

中国版本图书馆CIP数据核字(2022)第115662号

责任编辑 周方舟
装帧设计 李思安
责任印制 王重艺

出版发行 人民文学出版社
社　　址 北京市朝内大街166号
邮政编码 100705

印　　刷 北京华宇信诺印刷有限公司
经　　销 全国新华书店等

字　　数 166千字
开　　本 650毫米×920毫米 1/16
印　　张 15 插页1
印　　数 59001—64000
版　　次 2021年4月北京第1版
印　　次 2025年1月第11次印刷

书　　号 978-7-02-017247-4
定　　价 28.00元

出版说明

从2017年9月开始，在国家统一部署下，全国中小学陆续启用了教育部统编语文教科书。统编语文教科书加强了中国优秀传统文化教育、革命传统教育以及社会主义先进文化教育的内容，更加注重立德树人，鼓励学生通过大量阅读提升语文素养、涵养人文精神。人民文学出版社是新中国成立最早的大型文学专业出版机构，长期坚持以传播优秀文化为己任，立足经典，注重创新，在中外文学出版方面积累了丰厚的资源。为配合国家部署，充分发挥自身优势，为广大学生课外阅读提供服务，我社在总结以往经验的基础上，邀请专家名师，经过认真讨论、深入调研，推出了这套“语文阅读推荐丛书”。丛书收入图书百余种，绝大部分都是中小学语文课程标准和统编语文教科书推荐阅读书目，并根据阅读需要有所拓展，基本涵盖了古今中外主要的文学经典，完全能满足学生成长过程中的阅读需要，对增强孩子的语文能力，提升写作水平，都有帮助。本丛书依据的都是我社多年积累的优秀版本，品种齐全，编校精良。每书的卷首配导读文字，介绍作者生平、写作背景、作品成就与特点；卷末附知识链接，提示知识要点。

在丛书编辑出版过程中，统编语文教科书总主编温儒敏教授，给予了“去课程化”和帮助学生建立“阅读契约”的指导性意见，即尊重孩子的个性化阅读感受，引导他们把阅读变成一种兴趣。所以本丛书严格保证作品内容的完整性和结构的连续性，既不随意删改作品内容，也不破坏作品结构，随文安插干扰阅读的多余元素。相信这套丛书会成为广大中小学生的良师益友和家庭必备藏书。

人民文学出版社编辑部

2018 年 3 月

目　次

导 读*

2005年秋日，我国神舟六号上天，全民族都沉浸在幸福、自豪的喜悦之中，这是我国科学技术发展的巨大进步，但与此同时，我们不要忘记，这也是全民科学化运动的结果。没有全民科学化的进程，科学技术就会成为无本之木、无源之水，就不会取得长足的进步。我们说，科学事业的发展是由两个方面组成的：一个是提高，一个是普及。普及基础上的提高，提高指导下的普及就与水涨船高、根深叶茂的道理是一样的。所以在这里，我特别要强调指出，广大的科普工作者对于我国科学技术的发展是功不可没的。它起到了奠基性的基础作用，它使得科学后备军源源不断地产生和涌流。

2005年11月1日是高士其百年诞辰，在中国科技馆隆重举行了"《高士其全集》再版发行仪式暨伟大人民科学家高士其生平事迹展"。11月22日，中国科协、福建省人民政府、中残联、清华大学在人民大会堂联合举行了"纪念高士其先生诞辰一百周年暨高士其科学精神座谈会"，引起了媒体和社会舆论的广泛关注与热烈讨论。高士其现象是怎样产生的？他的成就又是如何取得的？

---

* 本文原题《文理哲三者并重方为大家——人民科学家高士其的成长道路》，出自《高士其自传》（科学出版社2015版），现用作本书"导读"。

为此,在这里我想着重谈一下“高士其的成长道路与高士其的人民性”。

1995 年第一届全国科普大会召开时,《中国青年报》发表了一篇文章,题目是《高士其的遗产》。记者走遍了城市的大街小巷,看到了一度在七八十年代红红火火的科普创作,书籍、报纸、杂志的情况。与现今科普创作、书籍寥落的情况形成了强烈的反差和对比。而一个先进发达的国家,它的科学刊物、科普刊物与文学刊物的比例应该是五比一或六比一。这是全民科学化进程不可缺少的环节,每一个家庭,每一个人都有可能是科技专业户或科技工作者。

2002 年全国人大、政协会上一位女委员提出了“绿色科普”的概念。何为绿色科普?她认为,社会也普遍认为:“两院院士写科普,实质上是科而不普,因而应由科学家出命题、内容、框架,由文学家进行创作和加工。”实际上这个问题早在 20 世纪 30 年代高士其先生的科普创作中就已经解决。高老把科学、文学有机地融合在一起,使二者达到了高度的和谐统一。高士其在科普作品中用拟人化的手法、通俗易懂的语言将深奥、神秘的科学讲得农妇与孩子都能明白。所以,他创作的一系列优美流畅、脍炙人口的作品流传至今,启迪了一代又一代人走向科学的道路。

时间再回溯到 1999 年,《人民日报》一篇文章的标题这样写道:高士其的传人在哪里?文章提出了一个问题:为什么我们今天的时代产生不了高士其这样的科普大家?这个问题迄今未有答案,因而在高士其百年诞辰之际,我们有必要追溯一下高士其的成长道路。

一、文化、科学与哲学三位一体

那么高士其是怎样成长的呢？我们可以理解为文化的高士其、科学的高士其和哲学的高士其。

因为任何一个领域大家的成长必须是文、理、哲三者并重，如果以一棵大树来比喻的话，那么文化就是大树的树根，哲学则是大树的升华。而政治、经济、哲学、科学、教育、医学、艺术都是这棵大树上所结的果实。由此可见，文化基础的重要性。

恰恰是这样，高士其在三岁时，就读了《三字经》"人之初，性本善；性相近，习相远……"，《幼学琼林》"混沌初开，乾坤始奠……"，《千字文》"天地玄黄，宇宙洪荒……"，《百家姓》"赵钱孙李，周吴郑王……"。此外，还有《增广贤文》等书，而做人的基本道理也尽在这些简单的经典之中了。四岁时，又读了孔子的《大学》《中庸》，一篇八百字的《大学》他整整背诵了八百遍，倒背如流。每逢家里来客人时，祖父就把小高士其叫出来，当众背诵。高士其则摇头晃脑吐字清晰地背道："大学之道，在明明德，在亲民，在止于至善……"幼小的高士其虽然不懂这些古文的明确意蕴，但却充满了莫名的喜悦和兴奋。他隐约地感到在这些语言文字后面，是一个精神世界的大门。

随着岁月的流逝，年龄的增长，幼时所背诵的经典文字，都一一地消化、理解和吸收了。文化的原理、传承的精神、历史的使命感也随之而建立了，当然，这与那个时代中国处于半封建半殖民地，备受帝国主义列强的欺压和凌辱密切相关。

高士其在小学时期，几乎阅读了所有的中国古典小说，如《封神演义》《包公案》《济公案》《儒林外史》《今古传奇》《子不语》《薛仁贵》《三国演义》《西游记》《水浒传》《红楼梦》《施公案》《说岳全传》《七侠五义》，也包括一些翻译过来的西方文学，如《福尔摩斯探案集》《黑奴吁天录》等。同时，高士其白天在福州明伦小学上学，晚上在家祖父继续教他四书五经。这些都奠定了高士其深厚的文化基础和文学造诣。六七岁时，高士其开始接触自然科学，他的一位叔叔给他讲了细菌、病毒和微生物的知识。使他在脑海中浮起了对微观世界的好奇与探索。在此后的明伦小学和清华留美预备学校中，高士其正式接受了自然科学的教育。在对自然科学的学习中，他全面发展而又重点突出，他热爱化学，每次做化学实验时都十分准确。因此，他怀抱化学救国的远大理想，同时，他也喜欢数学，他为数学的奇妙变化而感到入迷。他还对微小的生物世界充满了兴趣。由于兴趣广泛，爱好众多，他获得了"博物学奖章"。赴美留学后，他在自然科学方面又得到进一步的深造，这些都自不待言。值得指出的是，高士其在清华大学读书时，还广泛涉猎西方文学。他精通英文、德文和法文。阅读了《天方夜谭》《鲁宾逊漂流记》《双城记》《莎士比亚戏剧集》《战争与和平》《安徒生童话选》《拿破仑传记》《华盛顿传记》《茶花女》《安娜·卡列尼娜》等书籍。他还特别喜欢诗歌，读了拜伦、雪莱、凯芝、华兹华斯、艾伯特·彭斯、斯诺·邦德、歌德、泰戈尔、普希金等人的诗集。高士其在美国留学期间，经常到美国国家图书馆去看书。他在回忆录中曾这样写道："在美国国家图书馆，我几乎阅遍了世界上的所有名著。"旅欧期间，他在莱茵河畔歌德故居的小书摊上流连忘返，最终买到了一本德文版的歌德名著《浮士德》，然后满意而归。与此同时，他还喜欢艺术，热爱音乐和摄影。他参加音乐会，学习小提琴，购买了唱机和唱片，聆听贝多芬的交响乐；他携着照相机踏遍了美国的东西两岸，拍摄了许多风光旖旎的动人照片，至今还保存在他的影集中。

在美国威斯康星大学读书时，高士其上了第一堂哲学课，从而使他对哲学产生了浓厚兴趣。他那时是虔诚的基督教徒，同时，也深受共产主义思想的影响，他一度试图把基督教精神与共产主义理想结合起来。实际上，这也是他的一种哲学思考和探索。

归国后，30年代，他与艾思奇结为朋友，开始了对马克思哲学、自然辩证法的学习，这就奠定了他的哲学思想基础。艾思奇用哲学思想指导他的科普创作，他则用科学知识充实艾思奇的哲学框架，两者相得益彰，互为补充。1937年，高士其到达延安后，不但从事自然科学的普及工作，发起了国防科学社、边区医学座谈会、细菌学讨论会，同时，还与周扬、艾思奇、成仿吾、郭化若等人发起、组织了“新哲学会”“自然辩证法座谈会”。毛泽东、张闻天、陈云、徐特立、陈唯实、范文澜、于光远等四十几位同志相继成为会员，参加座谈，研究讨论哲学与方法论。

高士其是当时我国仅有的几位微生物学家、细菌学家，因此，他带来了世界上先进的科学知识与思想。这些知识、思想对当时封锁、闭塞的延安地区来讲，仿佛打开了一扇通往现代世界的窗户，充实了延安的干部群众学习哲学、自然辩证法的科学内容。为此，毛泽东在窑洞中与他探讨了古典自然辩证法。

40年代，高士其在香港写了《自然辩证法大纲》《什么是古典自然哲学》，发表在香港《知识》杂志上，并将这两篇文章分别寄给延安的毛泽东和重庆的周恩来。并在此基础上，产生了中国第一首科学诗《天的进行曲》，这一融科学、文化、哲学于一体的著名诗篇。

综上所述，高士其在文化、科学、哲学三方面都进行了很好的学习与研究。实际上，高士其的成长及其作品是由文化所奠定的，科学所孕育的，哲学所指导的。因此，我们可以说文、理、哲三者并重，方为大家也，方为社会与民族的大家，世界与人类的大家。

二、从高士其的回忆录看他的作品由来

要走近高士其、要理解高士其,就必须阅读高士其的回忆录。高士其回忆录仿佛是一个纲,提纲挈领而纲举目张。要知道高士其的成长道路和治学方法,就必须阅读高士其回忆录。为什么要这样强调高士其回忆录的重要性呢?那是因为我们要想理解高士其的作品,他为什么要这么写?这么写的缘由与渊源在哪里?也即古人所讲的出典在哪里?在高士其回忆录中都可以得到清晰而明确的答案。通过回忆录,我们看到高士其不再是一个理性的概括的形象,而是还原为一个活生生的、有血有肉、有痛苦、有欢乐、有人性、有人文思想的高士其。它揭示了一个在生活和心路历程中的真实高士其。而真实的高士其离我们更近,也更加感人。使我们能够深切地理解到:为什么高士其之所以成为高士其。这样,高士其就成为一个人人都可以仿效的榜样,仿效他的思想、他的精神、他的为人和他的作品。

从高士其的回忆录中,我们可以看到高士其把他所学到的一切、看到的一切,所经历的一切,包括科学、文化、哲学、文学,乃至民俗民风和民间艺术都运用于他的科普创作,都运用于他把科学交给人民的工作和事业中去。如《菌儿自传》中的《我的名称》,就是把传统文化、四书五经的内容融入文章中去。他模拟细菌,以第一人称这样写道:

> 我原想取名为微子,可惜中国的古人,已经用过了这名字,而且我嫌"子"字有点大人气,不如"儿"字谦卑。
>
> …………
>
> 我的身躯,永远是那么幼小。人家由一粒"细胞"出身,能积成几千,几万,几万万。细胞变成一根青草,一棵白菜,一

株挂满绿叶的大树，或变成一条蚯蚓，一只蜜蜂，一只大狗，一头大牛，乃至大象、大鲸，看得见，摸得着。我呢，也是由一粒细胞出身，虽然分得格外快，格外多，但只恨他们不争气，不团结，所以变来变去，总是那般一盘散沙似的，孤单单的，一颗一颗，又短又细又寒酸。惭愧惭愧，因此今日自命做“菌儿”。为“儿”的原因，是因为小。

至于“菌”字的来历，实在很复杂，很渺茫。屈原所作《离骚》中，有这么一句：“杂申椒与菌桂兮，岂维纫夫蕙茝。”这里的“菌”，是指一种香木。这位失意的屈先生，拿它来比喻贤者，以讽刺楚王。我的老祖宗，有没有那样清高，那样香气熏人，也无从查考。

此外，由于《菌儿自传》的章回形式和故事逻辑，高士其十分明确地称之为科学小说。这也是源于中国古代小说的体裁。

高士其的家族信奉道教，因此，他把太上老君和《封神演义》中的三大教主，都放入了他的作品之中，如《细菌的祖宗——生物的三元论》，论述了植物界、动物界和菌物界三者之间的相互关系。最后，他在文章的结尾处这样讲道：“阿巴米、青苔和细菌是生物的三位‘教主’。然则谁是生物的‘太上老君’呢？那就渺渺茫茫无从考据了。”

高士其把基督教《旧约》中亚当、夏娃的故事作为《细菌的大菜馆》一文的开篇：“是人类开始的那一天，亚当和夏娃手携手，赤足露身，在伊甸河畔的伊甸园中，唱着歌儿，随处嬉游，满园树木花草，香气袭人。亚当指着天空一阵飞鸟，又指着草原上一群牛羊，对夏娃说：看哪！这都是上帝赐给我们的食物呀。于是两口儿一齐跪伏在地上大声祷告，感谢上帝的恩惠。”这篇文章还涉及了希腊神话、道教神祇和达尔文的物种进化。如他在文中写道：

希腊神话中,欧林璧山上一切天神都是为人而有,如爱神司爱,战神司战,谷神司食,因为人而创出许多神来。

我们古老国家的一切山神、土地、灶君、城隍也都是替人掌管,为人而虚设其位。

这些渺渺茫茫无稽之谈都含有一种自大性的表现,自以为人类是天之骄子,地球上的主人翁。

自达尔文的《物种起源》出版,就给这种自大的观念,迎头一个痛击。他用种种科学的事实,说明了人类的祖宗是猴儿,猴儿的祖宗又是阿米巴(变形虫),一切的动物都是远亲近戚。这样一说,人类又有什么特别贵重呢。人类不过是靠一点小聪明,得到一些小遗产,走了幸运,做了生物的官,刮了地球的皮,屠杀动物,砍折植物,发掘矿物,以饱自己的肚皮,供自己的享乐,乃复造出种种邪说,自称为万物之灵。

"饱谁的肚皮呀?"细菌学家布伦费尔先生反问道:"人类的肚子里还有长期的食客,短期的食客,来来往往临时的食客呀!"于是就引申出文章的题目与内容《细菌的大菜馆》。

高士其把莎士比亚《仲夏夜之梦》中豆花、蜘蛛网、小飞蛾、芥子等扮成的山林仙子,都巧妙地引进了他的《散花的仙子》一文中。他写道:

在生物的汪洋大海中,浮着无数奇形怪状的细胞岛。其间,有一岛,……就叫做"节足岛"。

节足岛上有一个大湖,湖的主人是"甲壳"仙翁,它的属下有螃蟹、龙虾、小虾、水蚤诸仙童。

岛的陆地上的主人是"多足"仙翁。它的属下有"百足"仙童,有"千足"仙童。

岛之上有山,名叫"垃圾山",山里有洞,叫做"蜘蛛洞",

洞主是蜘蛛仙姑，它的属下有小蜘蛛、八角虱、蝎诸仙子。

从其中，我们还仿佛看到《封神演义》中三仙娘娘的身影。在高士其的笔下，昆虫们都具有了人性化和神性化的描述。

《听打花鼓的姑娘谈蚊子》则是一篇典型的以民俗、民风和民间艺术的形式来传播科学、普及科学的范文：

她一面咚咚咚地打着鼓儿，一面张开嗓子高唱道：

说弄堂，话弄堂，弄堂本是好地方，
自从出了疟蚊子，十人倒有九人慌，
大户人家挂纱帐，小户人家点蚊香，
奴家没有蚊香点，身带着疟疾上病床。

我想，这曲儿我们大家都很熟识，只那词儿却有些新鲜。这是值得注意的。她又接着唱了：

说弄堂，话弄堂，弄堂年年遭灾殃，
沟壑不修污水涨，孑孓变成蚊娘娘，
多少人家给它咬，多少人家得病亡，
卫生不把疟蚊灭，到处寒热到处昏。

她能唱出这样含有科学知识的新歌曲，我想，这真是难得，又静听下去。

说弄堂，话弄堂，弄堂年年遭灾殃，
从前苍蝇争饭碗，如今蚊子动刀枪，
大街死去劳力汉，小弄哭着讨饭娘，

肚子还欠七分饱，哪有银钱买金霜。

由此可见，科普化必须是本土化和民族化的，纵然是集古今中外之大成，立足于科学之上，亦须立足于民族的基础上，才能为广大群众所喜闻乐见。这也是思维相似性的原理所决定的。比如，日本卡通片《一休的故事》《铁臂阿童木》，都是如此。

高士其还把他在美国首次上细菌课的情况写成了《细菌学的第一课》，描述了学习科学的趣味和幽默，而不是枯燥乏味，虽然是在异国他乡，风情迥异，但却充满了高度的民族自尊和爱国精神。

高士其30年代初期，处于贫病交迫的困境之中，他无钱买药治疗疾病。而当时，他在上海的亲友们都笃信佛教，为了寻找精神出路，他也参与了佛学原理与精义的讨论。因此，佛教的思想、精神也屡见于他的作品之中："这生命是平等的，这众生是平等的。"他甚至还以"平等"为题，创作了一首高士其特有的科学、政治抒情诗来抨击社会的不平等。在这首诗中，他写道：

"在电子世界里，宇宙是平等的，在原子世界里，物质是平等的，在细胞的世界里，生物是平等的；在民主的世界里，人民是平等的。"

这是源于他对佛教原理、精义的体会和领悟。

至于爱因斯坦的相对论、马克思主义哲学和恩格斯的自然辩证法也见诸他的第一篇科学诗，即中国的第一篇科学诗《天的进行曲》中：

爱因斯坦说：
宇宙的空间不是不可思议的无限，
而是具有物质弯曲的有限，
从空间的某一个起点出发，

过了无数光年以后，
仍然要回到原处，
不过空间是没有固定的状态的。

三十三节

爱因斯坦根据这种空间有限的假设，
提出了宇宙力场的学说，
来解释星云运动的现象；
宇宙力场说就是根据相对论的原理，
爱因斯坦看出了运动的另外一面，
爱因斯坦看出了运动的矛盾性。

三十五节

谁知道，谁知道
在爱因斯坦提出了相对论以前，
早就有恩格斯的预见了。
恩格斯在他的《自然辩证法》里面，
早就说明了运动的矛盾性了。

三十六节

恩格斯说：
一切运动的基本形态，
就是集合和分散，
就是紧缩和膨胀，

就是吸引和排斥。

三十八节

不论是哪一种的物质，
不论是哪一种的运动，
都是对立的统一，
也都是分离的相互关系，
当它们是统一的时候，
它们是对立的；
当它们是分散的时候，
它们是相互关联的。

三十九节

当生物是统一体的时候，
雌和雄是对立的，
当原子是统一体的时候，
质子和电子是对立的；
当太阳系是统一体的时候，
太阳和行星是对立的；
当星云是统一体的时候，
星云的引力和它的拒能是对立的。
而结论是什么呢？我在诗中继续写道。

四十节

天里面有人,人里面也有天,
天里面的人是什么?
是地球的人。
人里面的天是什么?
是人身上的电子和质子。
地上面有人,
人上面也有地。
地上面的人是什么?
是两条腿会跑路的人。
人上面的地是什么?
是血里的铁和骨头里的钙和磷。
这样看来,
天和地和人虽然是分离,
却是互相关联着的。

四十一节

科学家和哲学家都得到同样的结论:
天也是矛盾和统一的整体,天也是从不断地斗争中成长起来,
天不是不变的天,
天不是死硬派的天,
天不是顽固分子的天;
太阳不是天空的独裁者,
而是太阳系的领袖,

太阳和其他的恒星一样，
都是天国里的人民；
星云不过是一个大家庭，
地球不过是一个小孩子，
天是人民的天呀！

总之，高士其的作品纵横时空，涵盖人类历史的各个阶段，从中世纪大规模的瘟疫流行，到第一次世界大战的“战壕热”都一一展现在他的卷帙浩瀚的作品之中。

他甚至预见到日本帝国主义细菌战的发生，并告诉人民预防的知识与方法。高士其除了科学家固有的科学预见精神之外，还包括对社会发展规律的深刻洞悉，这在高士其的作品中也是屡见不鲜的，如《天的进行曲》预言了国民党反动派的失败，《生命进行曲》预言了“四人帮”反动路线的灭亡，而《让科学技术为祖国贡献才华》一诗则吹响了全民向科学进军的号角。

高士其的深刻洞察力来源于何处？这也是一个秘密，是一般人无法想象与猜测的秘密。因为这是高老从小对《周易》学习的结果。他从告别家乡到清华学习，从赴美留学到归国创作，从奔向延安到十年动乱，他始终随身携带一本《周易》。这一史实见诸高士其的《桂东回忆录》会见柳亚子先生一章中。

由此可见，儒、道、佛乃至基督教的文化和哲学原理，高士其都已涉猎，并彼此交融。实际上，他在对西方哲学学习的同时，也一直在对东方哲学进行研究，并融汇于马克思主义的哲学中。这使得他对事物、社会和自然发展的规律有独到的、准确的见解。

综上所述，我们可以看到高士其的作品是以文化、科学、哲学乃至文学全副武装起来的，在这里已经没有什么东方与西方、科学与文化、文学与哲学来作为卷首，作为结尾，作为主轴的单一比喻了。而是你中有我，我中有你，科学中有文学，文学中有科学，科学中有文化,文化中有科学,科学中有哲学,哲学中有科学的鸿篇巨制,包括古今中外人类历史上的一切文化、科学、哲学都彼此地、有机地交融与结合在一起。

高士其以他的创作实践告诉人们科普创作不是一项孤立的工作,而是要与科学、文化、哲学、思维科学、心理学、教育学、文学、艺术、神话、童话乃至民俗民风相结合,让它们都为科普创作服务,只有这样才能搞好科普创作,也只有这样才能为人民群众所喜闻乐见。

由此可见,高士其的创作取材之广,内容之丰,都是前所未有的。但我们希望后有来者,这就要沿着高士其集大成的学习精神和创作精神前进。只有这样,才能产生科普上、文学上的无数高士其。

50年代,我国面临着一个大革命胜利以后的特殊时期,从思想语言到文章都与新中国成立以前产生了极大的变化,不可避免地扼杀了作家们的创作灵感和才华。同样,高士其固有的幽默风趣、嬉笑怒骂皆文章的写作风格不能得到淋漓尽致的发挥和表达。为此,高士其把他创作的突破口放在了诗歌之中,《我们的土壤妈妈》《时间伯伯》《电姑娘》《光的进行曲》《空气》等诸多诗篇,都是在这一特定的社会环境和时代背景中产生的。他把他固有的幽默风趣和比喻集中体现在科学诗的创作上,这也是一种用心良苦的选择,但这些作品依然鼓舞和激励了数代青少年的成长和发展。引导他们走向科学的道路。据我所知,在当时的干部子弟中学习理工的,想成为科学家的大有人在。而他们大都生活在高士其伯伯的时代,也都深受高士其伯伯的思想与作品的影响。

读了高士其回忆录,我们会深切地感到,高士其的一切作品是在厚积薄发的基础上产生的,他的才华与能量远远没有发挥出来。

因此,走高士其的路,必须是文、理、哲三者并重,唯有如此,才能成为真正的大家,社会与民族的大家,世界与人类的大家。因此,从这里,我们可以看出,高士其是用人类的科学、文化、哲学全副武装起来的科学家、作家,也唯有如此,才能成为领导千千万万的人走向科学道路的教育家。这样的科普是可持续发展的科普,后劲无穷亦无竭的科普;也是大文化范畴中的科普,大哲学范畴中的科普。而本身也是充满生命力的大科普,因为它反映了社会、时代的整体性。

在上海的亭子间里,高士其的创作虽然纵横捭阖,恣肆汪洋,但并非一蹴而就,而是充满了艰辛和挫折。他在 1936 年 3 月 31 日的日记中这样写道:"思想吃力不讨好,写来写去,写了又换,大半天的工夫,只写成不及七百字,可怜呵!这样笨拙的脑筋与手腕。"写的是《毒的分析》。

实际上高士其的英文写作远远胜于他的中文,他一度对自己的中文写作没有信心,陶行知先生鼓励他说:"写文就是写话,平白如话而言简意赅,平白如话而蕴有深意。"看一看他那时期的日记,就知道他创作之艰辛,但贵在恒心,贵在毅力,贵在坚持,也贵在集成,更贵在人民性的大我精神。这是高士其之所以成为高士其的根本因素。

三、高士其的人民性

高士其对人民的热爱,一是源于高士其的天性,他自幼生性乐观、幽默、开朗,喜交友,善与人处,爱以兄弟姐妹相称。他从小接受传统文化、四书五经教育,懂得"仁者爱人"的道理。而家族祖传的道教《周易》中的两句话,"天行健,君子以自强不息;地势坤,君子以厚德载物"是清华校训出处。同时,他在清华与美国留学期间，基督教的自由平等博爱思想对他影响很大。30年代于上海期间，陶行知的平民教育、大众文化和爱满天下的观念，对他的社会实践有进一步的启迪意义。而佛教超越人类一族的爱及悲悯，六道众生，普皆平等的精神，以及不仅要打倒细菌中的残害人类的小魔王，而且也要打倒吃人专制制度的大魔王的共产主义理想，更是具有决定性的影响。

高士其曾经说道："我是浪漫的，也是现实的。"高士其经历了多种文化与宗教信仰的熏陶，但最终他在现实生活的利益冲突和尖锐矛盾中选择了大同和合的共产主义理想。因为他认为这是解决社会危机和人民苦难的一剂良方。

高士其本性善良，为人和蔼，具有极强的亲和力与感召力，令人对他的疾病产生深刻的同情，也使人愿意以他的工作为工作，以他的事业为事业。因为他的工作与事业是给予，是赋予，是施予，是把自己的所学回报给人民，是引导青少年儿童走向科学的未来。

由此可见，高士其的人民性也是来源于文化，是文化所孕育的，科学所奠定的，哲学所指导的，而文化的重要性和基础作用是不言而喻的。所谓文人，实际上就是人文，人文思想、人文精神、人文关怀、人文挚爱，而通俗地讲就是热爱人类、热爱人民、热爱儿童。这一特点在高士其的身上体现得格外突出，同时他也是爱憎分明的，对一切邪恶从不姑息，从不与之同流合污。

"八·一三"在离开上海的前夜，高士其与他的表弟高士坦的谈话中多次表示，要到前线去和日本鬼子拼命。在广州三联书店遭到国民党特务砸毁时，他愤怒地挣扎着从三楼冲了下来，要和特务们进行斗争。他的行为感动和鼓舞了在场的许多同志。实际上他的身体条件不允许他拿枪上前线。命运之神没有做这样的安排，但是他并未放弃作为一个战士的使命，他拿起笔来做武器，猛烈地抨击日本帝国主义的侵略和国民党的腐朽统治。1931年，他作为中国仅有的五个微生物学家、细菌学家之一,受聘于南京中央医院任检验科主任。但一个正直、善良的科学家的秉性与当时贪污腐败、媚上欺下的官僚作风是格格不入的,他尤其不能忍受医院拒绝为贫苦大众看病,遂毅然辞职。

1937 年,他来到延安后由衷地感到兴奋与喜悦,因为这里充满了艰苦奋斗的精神和昂扬的抗日激情。但有一天高士其看到当地的老人患了感冒到医务所来求助,值班护士对他说:"我们的诊所只为机关干部服务,老乡的病我们管不了。"高士其用颤抖的手为老人在鼻翼、脑后推拿、按摩了几下,又把自己离开上海时随身带的感冒药分给老人。老人病愈后挑来一担西瓜表示感谢,高士其不肯收,推来让去。最后,老人留下了一个最大的西瓜,才把担子挑走。

这件事对高士其触动很大,他特地召集医护人员在自己住的窑洞里开了一个"革命医学座谈会",并让红小鬼陈世富把老人留下的大西瓜切开,请大家边吃边谈。他说明这西瓜的来历之后,提出了一个医德的问题,要大家一起讨论。会议开得紧张而热烈,最后大家公推高士其起草延安的医德标准。高士其提笔在用土纸订成的笔记本上写道:"医生要为人民服务,要讲医德,这就是人道主义的革命精神,在医生眼里病人就是病人,没有三六九等的差别,以救死扶伤为最高准则。要为老年人和盲、哑、聋、残提供特别的服务。医护人员要深入群众,到工农兵中去宣传卫生、保健知识,以预防为主应该作为长期的方针,做到人人健康,这是抗战所需要的。"

新中国成立以后,高士其生活在人民之中。他对一切人都是友爱的、平等的。他甚至到了老年都不厌倦人,每天接待四面八方的来访者和少年儿童。

1958 年,周恩来总理批准在建国门古观象台旁,为高士其建立一座符合他身体状况和生活需要的特殊住宅，并圈以很大的院落。但高士其认为与机关的同志们离得太远了，隔绝了与群众的联系，他更愿意在机关大楼旁安家。于是就在全国科协所在地建立了一幢普通的二层小楼，这就是今天人们所称的"高士其小楼"。小楼落成以后，每逢星期六、日，节假日都宾客盈门、络绎不绝。记得60年代初期，每天下班后，高士其喜欢在机关大门口等候下班的人们，与之亲切地交谈。而当"文革"的风暴来临时，人们都纷纷躲避他，远他而去，他为此深感痛苦和不解。从"文革"后期到80年代初期，他转了数千封人民来信，大都是冤假错案、学非所用、分居两地、工资工龄不合理等等。他不仅仅是将所学的知识回报给人类，他也以实际行动反哺着曾经帮助过他的人民。上海有一家人曾经全家被打成"反革命"，经过他长达七八年坚持不懈的转信和督办，"反革命家庭"变成了光荣之家。

的确，在父亲身边的几十年间，我从不记得他恨过什么人，耿耿于怀什么人。因为没有什么事情可以让他难以释怀的，因为他是一个大写的人，他是属于人民的人，他把自己和人民融为一体，并为了他所爱的人民和青少年，孜孜不倦地从事创作，从他的创作中，他仿佛看到了祖国的美好未来和人类的整体升华。正如高士其在他晚年的一段格言哲理警句中说的："不能设想，人类社会如果没有知识能够发展到今天，或许，人类早已消亡，或许，人类还在黑暗的深渊中踽踽行走。的确，没有知识，人类就不可能把自己塑造成具有高度理性思维的崇高形象。"这不仅是一种思想和精神，也正是高士其的人民性之所在。

历史发展到今天，新的时代，新的世纪，我们有必要重新审视高士其，走近高士其，理解高士其，与高士其的精神融为一体。

七十年前，高士其把带"人"字旁，"金"字旁的名字改掉了，他毅然宣布"扔掉人旁不做官，扔掉金旁不要钱"，这黄钟大吕般的振聋发聩的声音，标志着高士其从小我、个我、私我走向了大我、忘我乃至无我的境界，这一境界是什么呢？这就是中国五千年乃至八千年传统文化的圣贤精神，高士其恰恰就是圣贤精神的一个继承人，一个代表。看到人民的苦难、民族的危厄，高士其毅然宣布放弃自己的一切私利而无所畏惧地去追求真理和大光明境界，这就是高士其改名的意义。宛如小平同志的幼年，他的名字叫"邓先圣"，十一岁时，又改名为"邓希贤"。这二者是如出一辙而无分别的。

同时，高士其是人类现代精神的立交桥，融汇了科学、文化、政治、教育等等。五四运动，新文化运动，左翼联盟，乃至中国革命的历史进程，莫不与之息息相关。为此，他是立体的，他汇聚了多方面的意义和象征。

今天我们读高士其的书，走高士其的路，成为高士其一样的人；成为高士其那样的科学家，高士其那样的作家，高士其那样的教育家；成为具有高士其精神的在各种工作岗位与领域的人才和栋梁，依然是时代的呼唤，社会的呼唤和人民的呼唤。

由此我们可以说，永恒的高士其，永恒的经典，人类的高士其，人类的经典。因为高士其和他的作品都是在集大成的基础上而诞生的，集大成的东西是优秀的，而优秀的东西也都是集大成的。

高 志 其

2005 年 11 月 30 日

开 场 白

听呵,我所喜爱的人们,
在这动荡的大时代里,
光明和黑暗的势力做着不断的搏斗。
人类互相火并。
我虽然没有上过战场,
但我的生命正在另外一种的战场上,
进行着剧烈的战斗,
是人类和细菌的战斗。
我的战场是实验室,
我的武器是显微镜,
我担任着侦察细菌行动的工作,
收集了各方面关于细菌的情报。
我遭了细菌的暗算,
负伤了退下来,

从那天起我就渐渐失去了我的健康。
脑病的恶魔把我封锁在这小小的房间里面,
森严的墙壁包围着我,

我被夹在天花板与地板之间了。
明媚的阳光从窗外射进来，
我也不能出去迎接她。

白天我被病魔捆缚在椅子上，
不能自由地行动；
夜晚我被病魔压伏在床上，
不能自由地转身。
甚至于连吃饭穿衣，
甚至于连洗脸刷牙，
甚至于连大小便，
都需要人家扶持，
都需要人家帮助。

这样的日子，
几十年如一天，
就这样慢慢地度过去了，
留下些写给我健康同胞们的诗句和文字……

1982 年 5 月 26 日

菌儿自传

我的名称

这一篇文章，是我老老实实的自述，请一位曾直接和我见过几面的人笔记出来的。

我自己不会写字，写出来，就是蚂蚁也看不见。

我也不曾说话，就有一点声音，恐怕苍蝇也听不到。

那么，这位笔记的人，怎样接收我心里所要说的话呢？

那是暂时的一种秘密，恕我不公开吧。

闲话少讲，且说我为什么自称做“菌儿”。

我原想取名为微子，可惜中国的古人，已经用过了这名字，而且我嫌“子”字有点大人气，不如“儿”字谦卑。

自古中国的皇帝，都称为天子。这明明要挟老天爷的声名架子，以号召群众，使小百姓们吓得不敢抬头。古来的圣贤名哲，又都好称为子，什么老子、庄子、孔子、孟子……，真是“子”字未免太名贵了，太大模大样了，不如“儿”字来得小巧而逼真。

我的身躯，永远是那么幼小。人家由一粒“细胞”出身，能积成几千，几万，几万万。细胞变成一根青草，一棵白菜，一株挂满绿叶的大树，或变成一条蚯蚓，一只蜜蜂，一只大狗，一头大牛，乃至大象、大鲸，看得见，摸得着。我呢，也是由一粒细胞出身，虽然分得格外快，格外多，但只恨他们不争气，不团结，所以变来变去，总是那般一盘散沙似的，孤单单的，一颗一颗，又短又细又寒酸。惭愧惭愧，因此今日自命做“菌儿”。为“儿”的原因，是因为小。

至于“菌”字的来历，实在很复杂，很渺茫。屈原所作《离骚》中，有这么一句：“杂申椒与菌桂兮，岂维纫夫蕙茝”。这里的“菌”，是指一种香木。这位失意的屈先生，拿它来比喻贤者，以讽刺楚王。我的老祖宗，有没有那样清高，那样香气熏人，也无从查考。

不过，现代科学家都已承认，菌是生物中之一大类。菌族菌种，很多很杂，菌子菌孙，布满地球。你们人类所最熟识者，就是煮菜煮面所用的蘑菇香蕈之类，那些像小纸伞似的东西，黑圆圆的盖，硬短短的柄，实是我们菌族里的大汉。当心呀！勿因味美而忘毒，那大菌，有的很不好惹，会毒死你们贪吃的人呀。

至于我，我是菌族里最小最小，最轻最轻的一种。小得使你们肉眼看得见灰尘的纷飞，看不见我们也夹在里面飘游。轻得我们好几十万挂在苍蝇脚下，它也不觉着重。真的，我比苍蝇的眼睛还小一千倍，比顶小一粒灰尘还轻一百倍哩。

因此，自我的始祖，一直传到现在，在生物界中，混了这几千万年，没有人知道有我。大的生物，都没有看见过我，都不知道我的存在。

不知道也罢，我也乐得过着逍逍遥遥的生活，没有人来搅扰。天晓得，后来，偏有一位异想天开的人，把我发现了，我的秘密，就渐渐地泄露出来，从此多事了。

这消息一传到众人的耳朵里，大家都惊惶起来，觉得我比黑暗里的影子还可怕。然而始终没有和我对面会见过，仍然是莫名其妙，恐怖中，总带着半信半疑的态度。

“什么‘微生虫’？没有这回事，自己受了风，所以肚子痛了。”

“哪里有什么病虫？这都是心火上冲，所以头上脸上生出疖子疔疮来了。”

“寄生虫就说有，也没有那么凑巧，就爬到人身上来，我看，你的病总是湿气太重的缘故。”

这是我亲耳听见过三位中医，对于三位病家所说的话。我在旁暗暗地好笑。

他们的传统观念，病不是风生，就是火起，不是火起，就是水涌上来的，而不知冥冥之中还有我在把持活动。

因为冥冥之中，他们看不见我，所以又疑云疑雨地叫道：“有鬼，有鬼！有狐精，有妖怪！”

其实，哪里来的这些魔物，他们所指的，就是我，而我却不是鬼，也不是狐精，也不是妖怪。我是真真正正，活活现现，明明白白的一种生物，一种最小最小的生物。

既也是生物，为什么和人类结下这样深的大仇，天天害人生病，时时暗杀人命呢？

说起来也话长，真是我有冤难申，在这一篇自述里面，当然要分辩个明白，那是后文，暂搁不提。

因为一般人，没有亲见过，关于我的身世，都是出于道听途说，传闻失真，对于我未免胡乱地称呼。

虫，虫，虫——寄生虫，病虫，微生虫，都有一个字不对。我根本就不是动物的分支，当不起“虫”字这尊号。

称我为寄生物，为微生物，好吗？太笼统了。配得起这两个名称的，又不止我这一种。

唤我做病毒吗？太没有生气了。我虽小，仍是有生命的啊。

病菌，对不对？那只是我的罪名，病并不是我的职业，只算是我非常时期内的行动，真是对不起。

是了，是了，微菌是了，细菌是了。那固然是我的正名，却有点科学绅士气，不合于大众的口头语，而且还有点西洋气，把姓名都颠倒了。

菌是我的姓。我是菌中的一族,菌是植物中的一类。

菌字,□之上有草,□之内有禾,十足地表现出植物中的植物。这是寄生植物的本色。

我是寄生植物中最小的儿子,所以自愿称做菌儿。以后你们如果有机缘和我见面,请不必大惊小怪,从容地和我打一个招呼,叫声菌儿好吧。

我的籍贯

我们姓菌这一族，多少总不能和植物脱离关系罢。

植物是有地方性的。这也是为着气候的不齐。热带的树木，移植到寒带去，多活不成。你们一见了芭蕉、椰子之面，就知道是从南方来的。荔枝、龙眼的籍贯是广东与福建，谁也不能否认。

我菌儿却是地球通，不论是地球上哪一个角落里，只要有一些儿水汽和有机物，我都能生存。

我本是一个流浪者。

像西方的吉卜赛民族，流荡成性，到处为家。

像东方的游牧部落，逐着水草而搬移。

又像犹太人，没有了国家，散居异地谋生，都能个个繁荣起来，世界上大富之家，不多是他们的子孙吗？

这些人的籍贯，都很含混。

我又是大地上的清道夫，替大自然清除腐物烂尸，全地球都是我工作的区域。

我随着空气的动荡而上升。有一回，我正在天空 4000 米之上飘游，忽而遇见一位满面都是胡子的科学家，驾着氢气球上来追寻我的踪迹。那时我身轻不能自主，被他收入一只玻璃瓶子里，带到他的实验室里去受罪了。

我又随着雨水的浸润而深入土中。但时时被大水所冲洗，洗到江河湖沼里面去了。那里的水，我真嫌太淡，不够味。往往不能得一饱。

犹幸我还抱着一个很大的希望：希望娘姨大姐，贫苦妇人，把我连水挑上去淘米洗菜，洗碗洗锅；希望农夫工人，劳动大众，把我一口气喝尽了，希望由各种不同的途径，到人类的肚肠里去。

人类的肚肠，是我的天堂，
在那儿，没有干焦冻饿的恐慌，
那儿只有吃不尽的食粮。

然而事情往往不如意料的美满，这也只好怪我自己太不识相了，不安分守己，饱暖之后，又肆意捣毁人家肚肠的墙壁，于是乱子就闹大了。那个人的肚子，觉着一阵阵的痛，就要吞服蓖麻油之类的泻药，或用灌肠的手续，不是油滑，便是稀散，使我立足不定，这么一泻，就泻出肛门之外了。

从此我又颠沛流离，如逃难的灾民一般，幸而不至于饿死，辗转又归到土壤了。

初回到土壤的时候，一时寻不到食物，就吸收一些空气里的氮气，以图暂饱。有时又把这些氮气，化成了硝酸盐，直接和豆科之类的植物换取别的营养料。有时遇到了鸟兽或人的尸身，那是我的大造化，够我几个月乃至几年的享用了。

天晓得，20 世纪以来，美国的生物学者，渐渐注意了伏于土壤中的我。有一次，被他们掘起来，拿去化验了。

我在化验室里听他们谈论我的来历。

有些人就说，土壤是我的家乡。

有的以为我是水国里的居民。

有的认为我是空气中的浪子。

又有的称我是他们肚子里的老主顾。

各依各人的实验所得而报告。

其实,不但人类的肚子是我的大菜馆,人身上哪一块不干净,哪一块有裂痕伤口,哪一块便是我的酒楼茶店。一切生物的身体,不论是热血或冷血,也都是我求食借宿的地方。只要环境不太干,不太热,我都可以生存下去。

干莫过于沙漠,那里我是不愿去的。埃及古代帝王的尸体,所以能保藏至今而不坏者,也就为着我不能进去的缘故。干之外再加以防腐剂,我就万万不敢来临了。

热到了60℃以上,我就渐渐没有生气,一到了100℃的沸点,我就没有生望了。我最喜欢的是暖血动物的体温,那是在37℃左右吧。

热带的区域,既潮湿,又温暖,所以我在那里最惬意,最恰当。因此又有人认为我的籍贯,大约是在热带吧。

世界各国人口的疾病和死亡率,据说以中国与印度为最高,于是众人的目光又都集在我的身上了,以为我不是中国籍,便是印度籍。

最后,有一位欧洲的科学家站起来,说是我应属于荷兰籍。

说这话的人的意见以为,在17世纪以前,人类始终没有看见过我,而后来发现我的地方,却在荷兰国,德尔夫市政府的一位看门老头子的家里。

这事情是发生于公元1675年。

这位看门先生是制显微镜的能手。他所制的显微镜,都是单用一片镜头磨成,并不像现代的复式显微镜那么笨重而复杂,而他那些镜头的放大力,却也不弱于现代科学家所用的。我是亲尝过这些镜头的滋味,所以知道得很清楚。

这老头儿,在空闲的时候,便找些小东西,如蚊子的眼睛,苍蝇的脑袋，臭虫的刺，跳蚤的脚，植物的种子，乃至于自己身上的皮屑之类，放在镜头下聚精会神地细看，那时我也杂在里面，有好几番都险些儿被他看出来了。

但是，不久，我终于被他发现了。

有一天，是雨天吧，我就在一小滴雨水里面游泳，谁想到这一滴雨水，就被他寻去放在显微镜下看了。

他看见了我在水中活动的影子，就惊奇起来，以为我是从天而降的小动物，他看了又看，疯狂似的。

又有一次，他异想天开，把自己的齿垢刮下一点点来细看。这一看非同小可，我的原形都现于他的目前了。原来我时时都伏在那齿缝里面，想分吃一点“入口货”，这一次是我的大不幸，竟被他捉住了，使我族几千万年以来的秘密，一朝泄漏于人间。

我在显微镜底下，东跳西奔，没处藏身，他眼也看红了，我身也化硬了，一层大大厚厚的水晶上，映出他那灼灼如火如电的目光，着实可怕。

后来他还将我画影图形，写了一封长长的信，报告给伦敦英国皇家学会，不久消息就传遍了全欧，所以至今欧洲的人，还有以为我是荷兰籍者。这是错认发现我的地点为我的发祥地。

老实说，我就是这边住住，那边逛逛；飘飘然而来，渺渺然而去，到处是家，行踪无定，因此籍贯实在有些决定不了。

然而我也不以此为憾。鲁迅的阿Q，那种大模大样的乡下人，籍贯尚且有些渺茫，何况我这小小的生物，素来不大为人们所注视，又哪里有记载可寻，历史可据呢！

不过，我既是造物主的作品之一，生物中的小玲珑，自然也有个根源，不是无中生有，半空中跳出来的，那么，我的籍贯，也许可从生物的起源这问题上，寻出端绪来吧。但这问题并不是一时所能解决的。

我的家庭生活

我正在水中浮沉，空中飘零，
听着欢腾腾一片生命的呼声，
欢腾腾赞美自然的歌声；
忽然飞起了一阵尘埃，
携着枪箭的人类陡然而来，
生物都如惊弓之鸟四散了。
逃得稍慢的都一一遭难了。
有的做了刀下之鬼；有的受了重伤；
有的做了终身的奴隶；有的饱了饥肠。
大地上遍满了呻吟挣扎的喊声，
一阵阵叫我不忍卒听尖锐的哀鸣。
我看到不平是落荒而走。

我因为短小精悍，容易逃过了人眼，就悄悄地度过了好几万载，虽然在17世纪的临了，被发觉过一次，幸而当时欧洲的学者，都当我是科学的小玩意，只在显微镜上瞪瞪眼，不认真追究我的行状，也就没有什么过不去的事了。

又挨过了两世纪的辰光，法国出了一位怪学究，毫不客气地疑惑我是疾病的元凶，要彻底清查我的罪状。

无奈呀，我终于被囚了！

被囚入那无情的玻璃小塔了！

我看他那满面又粗又长的胡子，真是又惊又恨，自忖，这是我的末日到了。

也许因为我的种子繁多，不易杀尽，也许因为杀尽了我，断了线索，扫不清我的余党；于是他就暂养着我这可怜的薄命，在试验室的玻璃小塔里。

在玻璃小塔里，气候是和暖的，食物是源源的供给，有如许的便利，一向流浪惯的我，也顿时觉着安定了。从初进塔门到如今，足足混了六十余年的光阴，因此这一段的生活，从好处着想，就说是我的家庭生活吧。

家庭生活是和流浪生活对立而言的。

然而，这玻璃小塔于我，仿佛也似笼之于鸟，瓶之于花，是牢狱的家庭，家庭的牢狱，有时竟是坟墓了，真是上了科学先生的当。

虽说上当，毕竟还有一线光明在前面，也许人类和我的误会，就由这里而进于谅解了。

把牢狱当作家庭，
把怨恨消成爱怜，
把误会化为同情，
对付人类只有这办法。

这玻璃小塔，是亮晶晶，透明的，一尘不染，强酸不化，烈火不攻，水泄不通，薄薄的玻璃造成的，只有塔顶那圆圆的天窗，可以通气，又塞满了一口的棉花。

说也奇怪，这塔口的棉花塞，虽有无数细孔，气体可以来往自如，却像《封神演义》里的天罗地网，《三国演义》里的八阵图，任凭我有何等通天的本领，一冲进里面，就绊倒了，迷了路，逃不出去，所以看守我的人，是很放心的。

过惯了户外生活的我，对于试验室中的气温，本来觉着很舒适。但有时刚从人畜的身内游历一番，回来就嫌太冷了。

于是试验室里的人，又特别为我盖了一间暖房，那房中的温度和人的体温总是一样，门口装有一只按时计温的电表，表针一离了37℃的常轨，看守的人，就来拨拨动动，调理调理，总怕我受冷。

记得有一回，胡子科学先生的一个徒弟，带我下乡去考察，还要将这玻璃小塔，密密地包了，存入内衣的小袋袋，用他的体温，温我的体，总怕我受冷。

科学先生给我预备的食粮，色样众多。大概他们试探我爱吃什么，就配了什么汤，什么膏，如牛心汤、羊脑汤、糖膏、血膏之类。还有一种海草，叫做“琼脂”，是常用做底子的，那我是吃不动，摆着做样子，好看一些罢了。

他们又怕不合我的胃口，加了盐又加了酸，煮了又滤，滤了又煮，消毒了而又消毒，有时还掺入或红或蓝的色料，真是处处周到。

我是著名的吃血的小霸王，但我嫌那生血的气焰太旺，死血的质地太硬，我最爱那半生半熟的血。于是试验室里的大司务，又将那鲜红的血膏，放在不太热的热水里烫，烫成了美丽的巧克力色。这是我最精美的食品。

然而，不料，有一回，他们竟送来了一种又苦又辛的药汤给我吃了。这据说是为了要检查我身体的化学结构而预备的。那药汤是由各种单纯的、无机和有机的化合物，而含有细胞所必需喝的十大元素配合而成。

那十大元素是一切生物细胞的共有物。

碳为主；

氢、氧、氮副之；

钾、钙、镁、铁又其次；

磷和硫居后。

我的无数种子里面，各有癖好，有的爱吃有机之碳，如蛋白质、淀粉之类；有的爱吃无机之碳，如二氧化碳、碳酸盐之类；有的爱吃阿摩尼亚之氮；有的爱吃亚硝酸盐之氮；有的爱吃硫；有的爱吃铁。于是科学先生各依所好，而酌量增加或减少各元素的成分，因此那药汤，也就不大难吃了。

我的呼吸也有些特别。在平时固然尽量地吸收空气中的氧，有时却嫌它的刺激性太大，氧化力太强了，常常躲在低气压的角落里，暂避它的锋芒。所以黑暗潮湿的地方最适合我繁殖，一件东西将要腐烂，都从底下烂起。又有时我竟完全拒绝氧的输入了，原因是我自己的细胞会从食料中抽取氧的成分，而且来得简便，在外面氧的压力下，反而不能活，生物中不需空气而能自力生存的，恐怕只有我这一种吧。

不幸，这又给饲养我的人，添上一件麻烦了。

我的食量无限大，一见了可吃的东西，就吃个不停，吃完了才休。一头大象，或大鲸的尸身，若任我吃，不怕花去五年十载的工夫，也要吃得精光。大地上一切动植物的尸体，都是我这清道夫，给收拾得干干净净了。

何况这小小玻璃之塔里的食粮，是极有限的。于是又忙了亲爱的科学先生，用白金丝，挑了我，搬来搬去，费去了不少的亮晶晶的玻璃小塔，不少的棉花，不少的汤和膏，三日一换，五日一移，只怕我绝食。

最后，他们想了一条妙计，请我到冰箱里去住了。受冰点的寒气的包围，我的细胞缩成了一小丸，没有消耗，也无须饮食，可经数月的饿而不死。这秘密，几时被他们探出了。

在冰箱里，像是我的冬眠。但这不按四时季节的冬眠，随着他们看守者的高兴，又不是出于我的自愿，他们省了财力，累我受了冻饿,这有些是科学的资本主义者的手段了。

我对于气候寒冷的感觉,和我的年纪也有关系,年纪愈轻愈怕冷,愈老愈不怕,这和人类的体气恰恰相反。

从前胡子科学先生,和他的大徒弟们,都以为我有不老的精神,永生的力量:说我每 20 分钟,就变做 2 个,8 小时之后,就变成 16 000 000 个,24 小时之后,也竟有 500 吨的重量了,岂不是不久就要占满了全地球吗?

现在胡子先生已不在人世,他的徒子徒孙对于我的观感,有些不同了。

他们说:我的生活也可以分作少、壮、老三期,这是根据营养的盛衰,生殖的迟速,身材的大小,结构的繁简而定的。

最近,有人提出我的婚姻问题了。我这小小的家庭里面,也有夫妻之别,男女之分吧?这问题,难倒了科学先生了。他们眼都看花了,意见还都不一致。我也不便直说了。

科学先生的苦心如此,我在他们的娇养之下,无忧无虑,不愁衣食,也"乐不思蜀"了。

但是,他们一翻了脸,要提我去审问,这家庭就宣告破产,而变成牢狱了,唉!

无情的火

我从踏进了玻璃小塔之后，初以为可以安然度日子了。

想不到，从白昼到黑夜又到了白昼，刚刚经过了二十四小时的拘留，我正吃得饱饱的，懒洋洋地躺在牛肉汁里，由它浸润着；忽然塔身震荡起来，一阵热风冲进塔中，天窗的棉花塞不见了，从屋顶吊下来一条又粗又长，明晃晃的，热烘烘的白金丝，丝端有一圈环子，救生环似的，把我钩到塔外去了。

我真着慌了。我看见那位好生面熟的科学先生，坐在那长长的黑漆的试验桌旁，五六个穿白衫的青年都围着看，一双双眼睛都盯着我。

他放下了玻璃小塔，提起了一片明净的玻璃片，片上已滴了一滴清水，就将右手握着那白金丝上的我，向这一滴水里一送，轻轻地大涂大搅，搅得我的身子乱转。

这一滴水就似是我的大游泳池，一刹那，那池水已自干了。于是我的大难临头了。

我看见那酒精灯上的青光，心里已自兀突兀突地跳了。果然那狠心的科学先生一下子，就把我往火焰上穿过了三次，使那冰凉的玻片，立时变成热烫热烫的火床了。我身上的油衣都脱化了。烧得我的细胞焦烂，死去活来，终于是晕倒不省“菌”事了。

据说，后来那位先生还洗我以酒，浸我以酸，毒我以碘汁，灌我以色汤，使我披上一层黑紫衣，又披上一件大红衣。都是为着便利于检查我的身体，认识我的形态起见，而发明了这些曲曲折折的手续。当时我是热昏了全然不知不觉的，一任他们的摆弄就是了，又有什么法子想呢？

自从此后，每隔一天，乃至一星期，我就要被提出来拷问，来受火的苦刑。

火，无情的火，我一生痛苦的经验，多半都是由于和它碰头。

这又引起我早年的回忆了。

我本是逐着生冷的食物而流浪的。这在谈我的籍贯那一章已说得明明白白了。

在太古蛮荒的时代，人类都是茹毛饮血，茹的是生毛，饮的是冷血。那时口关的检查不太严，食道可以随意放行，我也自由自在无阻无碍地，跟着那些生生冷冷的鹿肉呀羊心呀，到人类的肚肠去了。

自从传说中，前不知第几任的中国帝王，那淘气的燧人氏，那钻木取火的燧人氏，教老百姓吃熟食以来，我的生计问题，曾经发生过一次极大的恐慌。

后来还亏这些老百姓不大认真，炒肉片吧，炒得半生半熟，也满不在乎地吃了。不然就是随随便便地连碗底都没有洗干净就去盛菜，或是留了好几天的菜，味都变了，还舍不得不吃，这就给我一个“走私”“偷运”的好机会了。他们都看不出我仍在碗里活动。

热气腾腾的时候，我固然不敢走近；凉风一拂，我就来了。

虽然，我最得力的助手，还是蝇大爷和蝇大娘。

我从肚肠里出来，就遇着蝇大爷。我紧紧地抱着它的腰，牢牢地握着它的脚。它嗡的一声飞到大菜间里去了。它扑地一下停落在一碗菜的上面，把身子一摇，把我抛下去了。我忍受着菜的热气，欢喜那菜的香味，又有得吃了。

我吃得很惶惑，抬起头来，听见一位牧师在自言自语：

“上帝呀，万有万能的主呵！你创造了亚当和夏娃，又创造了无数鸟兽鱼虫、花草木兰来陪伴他们，服侍他们，你的工作真是繁忙啊！你的手术真是飞快啊！你果真于六天之内就造成了这么多的生物吗？你真来得及吗？你第七天以后还有新的作品吗？……

“近来有些学者对于你怀疑了。怀疑有好些小动物都未必是由你的大手挥成。它们都可以自己从烂东西里，自然而然地产生出来。就如苍蝇、萤火虫、黄蜂、甲虫之流，乃至于小老鼠，都是如此产生。尤其是苍蝇，苍蝇的公子哥儿的确是自然而然地从茅厕坑里跳出来的啊！……”

我听了暗暗地好笑。

这是17世纪以前的事。那时的人，都还没有看见过苍蝇大娘子的蛋，看见了也不知道是什么。

不久之后，在1688年的夏天，有一回，我跟着蝇大娘子出游，游到了意大利一位生物学先生的书房里。它停落在一张铁纱网的面上，跳来跳去，四处探望。我但闻一阵阵的肉香，不见一块块的肉影。它更着急了，用那一只小脚子乱踢，把我踢落到那铁纱网的下边去了。原来肉在这里！

这是这位生物学先生的巧计。防得苍蝇，却防不了我。小苍蝇虽不见飞进去，而那一锅的肉却依旧的酸了烂了。

从此苍蝇的秘密被人类发觉了。为着生计问题，于是我更无孔不钻，无缝不入了。

我也不便屡次高攀苍蝇的贵体，这年头，专靠苍蝇大爷和大娘子谋食，是靠不住的呵！于是我也常常在空气中游荡，独自冒险远行以觅食。

有一回,是1745年的秋天吧,我到了爱尔兰,飞进了一位天主教神父的家里。他正在热烈的火焰上烧着一大瓶的羊肉汤,我闻着羊肉气,心怦怦地动。又怕那热气太高,不敢就下手。

他煮好了,放在桌上,我刚要凑近,陡然的一下,那瓶口又给他紧紧密密地塞上了木塞子。我四周一看,还有个弯弯的大隙缝,就索性挤进去了。

初到肉汤的第一刻,我还嫌太热,一会儿就温和而凉爽了。一会儿,忽然又热起来了,那肉汤不停地乱滚,滚了好一个时辰,这才歇息了。我一上一下地翻腾,热得要死,往外一看,吓得我没命,原来那神父又在火焰上烧这瓶子了!烧了约莫快到一个钟头的光景。

我幸而没有烧死,逃过了这火关,就痛快地大吃了一顿,把这一瓶清清的羊肉汤搅混得不成样子了,仿佛是水中的乱云飞絮似的上下浮沉。那阔嘴的神父,看了又看,又挑了一滴放在显微镜下再看,看完之后,就大吹大擂起来了。他说:"我已经烧尽了这瓶子里的生命,怎么又会变出这许多来了?这显然是微生物会从羊肉汤里自然而然地产生出来的呀!"

我听了又气又好笑。

这样糊里糊涂地又过了二十四年。

到了1769年的冬天,从意大利又发出反对这种"自然发生学说"的呼声,这是一位秃头教士的声音。他说:

"那爱尔兰神父的实验手术不精到,塞没有塞好,烧没有烧透,那木塞子是不中用的,那一点钟是不够用的。要塞,不如密不通风地把瓶口封住了。要烧,就非烧到一小时以上不可。要这样才……"

我听了这话,吃惊不小,叫苦连天。

一则有绝食的恐慌,二则有灭身的惨祸。

这是关于我的起源的大论战。教士与神父怒目,学者和教授切齿。他们起初都不能决定我的出身何处,起家哪里,从不知道或腐或臭的肉呵,菜啊,都是我吃饱了的成绩。他们却瞎说瞎猜,造出许多科学的谣言来,什么生长力呀,什么氧化作用呀,一大堆的论文,其实那黑暗的主动者就是我,都是我,只有我!

仿佛又像诸葛亮和周瑜定计破曹操似的,这些科学的军师们,一个个的手掌心,都不约而同地写着“火”字。他们都用火来攻我;用火来打破这微生物的谜。

火,无情的火,真害我菌儿死得好苦也!

这乱子一直闹了一世纪,一直闹到了1864年的春天,这才给那位著名的胡子科学先生的实验,完完全全地解决了。

说起来也话长,这位胡子先生真有了不起的本事,真是细菌学军营里的姜子牙。我这里也不便细谈他的故事了。

单说有一天吧。这一天我飘到了他的试验室里了。他的试验室我是常光顾的。这一次却没有被请,而是我独自闲散地飞游而来了。

我看见满桌上排着二三十瓶透明的黄汤,有肉香,有甜味。那每一只的瓶颈,都像鹤儿的颈子一般,细细长长地弯了那么一大弯,又昂起头来。我禁不住地就从一只瓶口扬长地飞进去了。可是,到了瓶颈的半路,碰了玻璃之壁,又滑又腻的壁,费尽气力也爬不上去,真是苦了我,罢了罢了!

那胡子一天要跑来看几十次,看那瓶子里的黄汤仍是清清明明的,阳光把窗影射在上面,显得十二分可爱,他脸容上现出一阵一阵的微笑。

这一招,他可把“自然发生说”的饭碗完全打翻了。为的是我不得到里面去偷吃,那肉汤,无论什么汤,就不会坏,永远都不会坏了。

于是，他疯狂似的，携着几十瓶的肉汤，到处寻我，到巴黎的大街上，到乡村的田地上，到天文台屋顶的空房里，到黑暗的地窖里，到了瑞士，爬上阿尔卑斯山的最高峰去寻我。他发现空气愈薄，灰尘愈少，我也愈稀，愈难寻。

寻我也罢，我不怪他。只恨他又拿我去放在瓶子里烧。最恨他烧我又一定要烧到 110℃ 以上，120℃ 以上，乃至 170℃；用高压力来烧我，用干热来烧我，烧到了一个钟头还不肯止呢！

火，无情的火，是我最惨痛的回忆啊！

现在胡子先生虽已不见了，而我却被囚在这玻璃小塔里，历万劫而难逃，那塔顶的棉花网，就是他所想出的倒霉的法子。至于火的势力，哎哟！真是大大地蔓延起来了。

火，无情的火，试验室的火，医院的火，检疫处的火，到处都起了火了。果真能灭亡了我吗？那至多也怕不过像秦始皇焚书一般似的。

我的儿孙布满陆地、大海与天空。

毁灭了大地，毁灭了万物，才能毁灭我的菌群！

水国纪游

试验室的火要烧焦了我，快了。

渴望着水来救济，期待着水来浸洗，我真做了庄周所谓“涸泽之鱼”了。

无情的火处处致我灼伤，有情的水杯杯使我留恋。世间唯水最多情！这使中国的灾民听了，有些不同意吗？

“你看那滔天大水，使我们的田舍荡尽，水哪里还有情?!”

这是因为从大禹以来，中国就没有个能治水的人，顺着水性去治，把江河泛滥的问题，一劳永逸地解决了。

中国的古人曾经写成了一部《水经》[①]，可惜我没有读过；但我料他一定把我这一门，水族里最繁盛的生物，遗漏了。我是深明水性的生物。

水，我似听见你不平的流声，我在昏睡中惊醒！

五月的东风，卷来了一层密密的黑云，遮满了太平洋的天空。

我听见黄河的吼声，扬子江的怒声，珠江的喊声，齐奔大海，击破那翻天的白浪。

这万千的水声，洪大，悲壮，激昂，打动了我微弱的胞心，鼓起

① 书名，汉桑钦编撰。但证以书中地理，编撰者实为三国时人。

了我疲惫的鞭毛。陡然地增长了我斗生的精神。

水,我对于你,有遥久深远的感情,我原是水国的居民。

水,你是光荣的血露,神圣的流体!

耶稣基督据说也曾受过你的洗礼。

地面上的万物都要被你所冲洗。

水,我也爱你的浊,也爱你的清。

清水里,氧气充足,我虽饿肚皮,却能延长寿命。

浊水里,有那丰富的有机物,供我尽情地受用。

气候暖,腐物多,我就很快地繁殖。

气候冷,腐物少,也能安然地度日。

气候热,腐物不足,我吃得太速,那生命就很短促了。

水,什么水?是雨水,把我从飞雾浮尘,带到了山洪、溪涧、河流、沟壑。浮尘愈多,大雨一过,下界的水愈遍满了我的行踪。

我记起了阿比西尼亚[①]雨季的滂沱。法西斯头子墨索里尼纵使并吞了阿国,也消灭不了那滂沱,更止不住我从土壤冲进了江河。

雨季连绵下去,雨水已经澄清了天空,扫净了大地,低洼处的我,虽不会再加多,有时反而被那后降的纯洁的雨水逐散了,然而大江小河,这时已浩浩荡荡满载着我,这将给饮食不慎的人群以相当的不安啊!

水,什么水?是雪水。我曾听到胡子科学先生得意洋洋地说过:山巅的积雪里寻不见我。我当然不到那寂寞荒凉的高峰去过活,但将化未化的美雪,仍然是我冬眠的好地方。

雪花飞舞的时候,碰见了不少的灰尘,我又早已伏在灰尘身上了。瑞典的京城,地处寒带而多山,日常饮用的水,都取自高出海

---

① 阿比西尼亚即现在北非的埃塞俄比亚。

面一百六十米的一个大湖。平时湖水还干净,阳春一发,雪块融化,拖泥带土而下,卫生当局派员来验,说一声"不好了!"我想,这又是因为我的再活动吧!

水,什么水?是浅水,是山泽、池沼及一切低地的蓄水。最深不到五尺,又那么静寂的不大流动。我偶尔随着垃圾堆进去,但,那儿我是不大高兴住久的。那儿是蚊大爷的娘家,却未必是我的安乐窝。

尤其是在大夏天,太阳的烈焰照耀得我全身发昏。我最怕的是那太阳中的紫外光,残酷的杀菌者。深不到五尺的死水,真是使我叫苦,没处躲身了。五尺以外的深水这才可以暂避它的光芒。最好上面还挡着一层污物,挡住那太阳!

我又不喜那带点酸味的山泽的水,从瀑布冲来了山林间的腐木烂叶,浸成了木酸叶酸,太含有刺激性了。

如果这些浅水里,含有水鸟鱼鳖的腥气,人粪兽污的臭味,那又是我所欢迎的了。

水,什么水?是江河的水。江河的水满载着我的粮船,也满载着我的家眷。印度的恒河就是一条著名的霍乱河,法国的罗尼河也曾是一条著名的伤寒河,德国的易北河又是一条历史的霍乱河,美国的伊利诺河又是一条过去的伤寒河,霍乱和伤寒,还有痢疾,是世界驰名的水疫,是由我的部下和人类暗斗而发生。这其间,自有一段恶因果,这里且按下不表。

中国的江河,自然也不退班。大的不说,单说上海那一条乌七八糟的苏州河,年年春天夏天的时候,我天天率着眷属在那河水里洗澡,你们自己没有觉察罢了。

有人说:江河的水能自清。这是诅咒我的话意。不是骂我早点饿死,就是讥笑我要在河里自杀。我不自尽江河的水怎的会清呢?

然而,在那样肥美的河肠江心里游来游去,好不快活,我又怎肯无端自杀,更何至于白白地饿死。

然而,毕竟河水是自清了。美国芝加哥大学有一位白发斑斑的老教授,曾在那高高的讲台上说过:当他在三十许壮年的时候,初从巴黎游学回来,对于我极感兴趣,曾沿着伊利诺河的河边,检查我菌儿的行动。他在上游看见我是那样的神气,是那样的热闹,几乎每一滴河水里都围着一大群。到了下游,就渐渐地稀少了。到了欧他奥的桥边,我更没有精神了。他当时心下细思量,这真奇怪,这河里的微生物是怎样地衰落的呢?难道河水自己能杀菌吗?

河水于我,本有恩无仇。无奈河水里常常伏着两种坏东西,在威胁我的生存。它们也是微生物。我看它们是微生物界的捣乱分子,专门和我做对头。

一种比我大些儿,它们是动物界里的小弟弟。科学先生叫它们"原虫",恭维它们做虫的"原始宗亲"。我看它们倒是污水烂泥里的流氓强盗。最讨厌的是那鞭毛体的原虫。它的鞭毛,比我的又粗又大,也活动得厉害,只要那么一卷,便把我一口吞吃而消化了。

它的家庭建筑在我的坟墓上,我恨不恨!

一种比我还要小几十百倍,很自由地钻进我身子里,去胀破我那已经很紧的细胞,因此科学先生就唤它做"噬菌体"。你看它的名字就已明白地和我作对。它真是小鬼中的小鬼!

水,什么水?是湖水。静静的,平平的,明净如镜,树影蹲在那儿,白天为太阳哥拂尘,晚上给月姐儿洗面,没有船儿去搅它,没有风儿去动它,绝不起波纹。在这当儿,我也知道湖上没有什么好买卖,也就悄悄地沉到湖底归隐去了。

这时候,科学先生,在湖面寻不着我,在湖心也寻不出我,于是他又夸奖那停着不动的湖水有自清的能力了。

可是，游人一至，游船一开，在酣歌醉舞中，瓜皮与果壳乱抛，在载言载笑间，鼻涕和痰花四溅，那湖水的情形又不同了。

水，什么水？是泉水，是自流井的水，是地心喷出来的水。那水才是清。那儿我是不易走得近的。那儿有无数的石子沙砾绊住我的鞭毛，牵着我的荚膜不放行。这一条是水国里最难通行的险路，有时我还冒着险前冲，但都半途落荒了。

水，什么水？是海水。这是又咸又苦著名的盐水。咸鱼、咸肉、咸蛋、咸菜，凡是咸过了七分的东西，我就有些不肯吃，最适合我胃口的咸度，莫如血、泪、汗、尿，那些人身的水流，如今这海水是纯盐的苦水，我又怎样愿意喝？

不过，海底还是我的第一故乡，那儿有我的亲戚故旧，我曾受着海水几千万年的浸润。现在虽飘游四方，偶尔回到老家，对于故乡的风味，虽然咸了些，也有些流连不忍即去吧。

我在水里有时会发光。所以在海上行船的人，在黑夜里，不时望见那一望无阻的海面，放出一闪一闪的磷光，那里面也夹着一星一星我的微光。

我自从别了雨水以来，一路上弯弯曲曲，看见了不少的风光人物：不忍看那残花落叶在水中荡漾，又好笑那一群喜鸭在鼓掌大唱；不忍听那灾民的叫爹叫娘，又叹息那诗人的投江！

五月的东风，
吹来一片乌云，
遮满太平洋的天空。
我到了大海，
观着江口河口的汹涌澎湃。
涌起了中国的怒潮！！
冲倒了对岸的狂流！
击破了那翻天的白浪！

洗清了人类的大恨！

…………

看到这里，我想，那些大人们争权夺利的大厮杀，和我这微生物小子有什么相干呢？

生计问题

游完了水国，我躺在海洋上，听那波涛的荡漾。仰看白云在飘游；我羡慕着它们的自由。

在海天一色的包围中，海风吹起浪花溅，浪花呵！他无力送我上云霄。那海水又太咸了，不中吃。我真觉着有些苦闷了。

我只得期待着鱼儿，它会鼓着腮儿来吞我。鱼儿要被渔夫捕，我伏在鱼腹里，就有再到岸上的机缘了。到了岸上，我的生活就不致发生恐慌了。

我打算在厨子先生洗鱼肚的时候，我可以一溜就溜到垃圾桶里去。在垃圾桶里，我跟生物社会的接触一多，谋食更不难了。

不幸而溜不过去，那就只有混在生鱼粥里，到广东人口中的希望了。总之，我先在那半生半熟的鱼身里偷活，再到那半臭半腥的人肚里寄生罢了。然而，我终于又厌倦了胃肠里的沉闷的生活，痛快地随着大便而出来了。

经过曲曲折折的途径，不久，我和我的家人亲友又都回到土壤的老家团聚。

这里我得补叙一下，在未到岸上之先，那海鱼肚子里的环境，于我有时是不利的，它的消化力是太强了。

于是，我又曾趁着潮水的高涨，回到河肠江心，去央求淡水的鱼,顺便又疏通了螃蟹虾蛤蚌螺之类人类所爱吃的水中生物,请它们帮忙提拔。它们也都答应了。当中,蚝似乎和我最有交情。它在污水里每小时一收一放的水量,竟有二公升之多。我也就混在那污水里进去,它的螺壳就成为我临时的住宅了。

据说,岸上有很多人,因吃了没有煮熟的蚝,都得了伤寒病啦。那科学先生就又怪我了,说什么蚝之类的生物还是我暗杀人类的秘密机关啰。这我以后当然要申辩的,这里不便多噜苏了。

且说,我既从水国回到了土乡,天天又望见那时放异彩的浮云,好不逍遥自在,我渴想着和它交游。但那时地上仍是很湿,连我身上的鞭毛,都被泥土所粘,鼓舞不起来,更何能高飞远飏哪?虽有时攀着苍蝇的毛腿出游,那它又是低着头飞,至多也飞不上半里路,就停下来一脚把我踢落在地上了。虽然在地上我是不愁衣食的。

然而我对于天空的幻想,又使我希望秋之来临了。那时天高气爽,尤其是在中国故都的北平①,和美国中部第一大城密执安湖②畔的芝加哥,这两个著名的"灰尘的都市",一到了秋冬,就刮大风,将沙尘卷入天空,当时我就骑在沙尘身上而高翔了。风力益健,我竟直飘上青天四千米以上,那固然是罕有的事,我也真可以傲飞鸟而笑白云了。

记得19世纪初期,英国的年轻诗人雪莱,曾唱着"西风之歌",他愿意做一瓣浪花,一张落叶,一朵白云,躺在西风里任它飘荡去,把他一切的思想、情感、希望都寄托着西风去散播了。我想,我这一次得上青天驾白云,也该感谢风爷的神力呵。

我正在这样想,忽然记起了一件伤心惨目的往事。那就是世

---

① 北京1936年时称北平。

② 密执安湖即密歇根湖。

界各地的旱灾。

旱灾一来,全生物界都起了恐慌。那时大地涨红了脸,甚至于破裂,生物焦的焦死,饿的饿死,看不见点绿滴青,看见的净是枯干瘦木,那原因半由于暴日的肆虐,半由于风爷的发狂。

那风爷也太发狂了,云和雨都被它吹散了,在大旱的期间,连西风也不怀好意了。

前几年,我也曾亲见过中国西北那延长三四年的旱灾,那时狂风忽然吹起漫天的尘沙,天地发昏,在烈日和饥渴的煎迫之下,成千成万的人死了。

有的人还以为地面上堆着这许多的尸体腐物,是我口福的大造化,我可以乘风四游,到处得食了。哪里知道当这大旱的临头,我也万分的焦急,我虽有坚实的芽孢,可以在空气中苟延性命,也经不起热与干长期的压迫。地上的干粮虽堆积如山,没有一些儿水汽的浸润,我是吃不动的呀。君不见大沙漠中,哪有我的影踪。

我爱的是湿风,我怕的是热风。

我的小身子又是那样轻飘,我那一粒单细胞还不及一千兆分之一克重。我既上升,就不易下降,终日飘飘在天空。只有雨雪霜露方能使我再落尘间。罢了,罢了,在大旱天我是受着风爷的欺骗了。

我凄凉地度过了冰雪的冬天,到了春风和畅的季节,下界雨量充足,草木茂盛,虫鸟交鸣,生物都欣欣然有喜色。那时,我早已暗恨着天空的贫乏,白云的无聊,思恋着地上的丰饶。

于是那善变的风爷又改换了方向来招我下凡了。

我别了白云,下了高山,随着风爷到农村。农村上遍地花红叶绿,我逢花采花,逢叶摘叶,凡是吃得动的植物,无所不吃。这也为着植物间的气候,植物的体温,和当时空气的温度相去不远,我又新从天空来的,当然先以它们的身上为合宜的寄食之所了。

我尤喜那似胶似漆富有黏液的果皮瓜皮，那潮湿而有皱痕的菜叶菜管，它们都是我的天然宿舍旅馆。我的家人亲朋成亿成兆地在这儿过活。

据美国农业部化学局最近的调查，他们代我估计一下，在那含有铁质最高的蒲菜身上，每一克重的分量里面，就有我"菌口"二十五万在迅速地生殖着。这不是一个很惊人的数目吗？

我随着风爷而飘游，走遍了六大洲，世界的农村都到过了，小的植物不用说，那我是都光顾到了的，就是抵抗力强盛的大松大柏，它们的风味，我也一一都领略过了。算得出的，在有花植物之部，我曾吃过了六十六科，一百五十目。在隐花植物之部，就记不清了。

不过，植物之遭我暗算，人类是从来不知道的，以为是它们自己内部的溃烂，或专去骂昆虫那些小妖物的恶作剧。

谁知道，有一回，我在法国南部的田园里，大啖葡萄的时候，又被那位多疑的胡子科学先生所发觉了。从此他的徒弟徒侄们，就加紧地研究我和植物种种不正常的关系，宣布了我的罪状。于是农民们就痛恨我，说我太不讲情理了，破坏他们的农作物，用药用火，千方百计来歼灭我。这真是冤枉。我也是为着生计问题所迫而来呀！吃的都是大自然所分赠的食物呀！

它们又没有注定给人类，这生物的特殊阶级，单独的享用呀！

我在生物界中要算是最不安定的分子了。四方飘游，到处奔流，无非为着自由而努力，为着生活而奋斗。浮大海，吃不惯海水的咸味；居人肚，闷不过小肠的束缚；返土壤，受不住地方的限制；飘上天空，又嫌那天空太空虚了。历尽水旱的苦辛，结识了鱼儿和风爷，最后到了农村，那儿食粮充足，行动比较的自由，我自认为是乐土了。讵料那自私自利的人类，忽来从中作梗，从此我将永远不得安宁了，唉！

呼吸道的探险

我在乡村的田园上,仍然过着颠沛流离的生活,处处靠着灰尘的提携。

那灰尘真像是我的航空母舰,上面载着不少的游伴。

这些游伴的分子也太复杂了。矿、植、动三大界都有,连我菌物也在内,一共是四色了。

矿物之界,有煤烟的炭灰,有火山的破片,有海浪的盐花,有陨星的碎粒,还有各式矿石的散沙,都随着大风而远飏。

植物之界,有花蕊、花球的纷飞;有棉絮、柳丝的飘舞;有种子、芽孢、苔藻、淀粉、麦片以及各样各式的植物细胞的乱奔狂跌。

动物之界,有皮屑、毛发、鸟羽、蝉翼、虫卵、蛹壳以及动物身上一切破碎零星的组织的东颠西扑。

菌物之界,有一丝一丝的霉菌,有圆胖圆胖的酵母,在空中荡来荡去。最后就是我菌儿这一群了。

这是灰尘的大观。这之间以我族最为活跃。我在灰尘中,算是身子最轻,我活动的范围也最广了。

这些风尘仆仆中的杂色分子,又像是一群流浪儿,一群迷途的羔羊呵。

我紧牵着这一群流浪儿的手,在天空中奔逐,到处横冲直撞,不顾一切的利害。

记得有一回,还是在洪荒时代吧,我正在黑夜的森林中飞游,忽然碰了一个响壁,原来是蝙蝠的鼻子。我在暗中摸索,堕进了它鼻孔的深渊,觉得很柔滑很温暖。但不久,被它强有力的呼吸一喷,就打了几个筋斗出来了。

后来,我冲进它的鼻孔里去的机会愈来愈多了。然而,它这一类动物,呼吸道的抵抗力颇强,颇不容易攻陷,它的扁桃腺也发育得不大完全。

扁桃腺这东西是淋巴组织的结合,淋巴腺之一大种。在腭部有腭扁桃腺,在咽喉间有咽扁桃腺,在小脑上有小脑扁桃腺。如此之类的扁桃腺,自我闯入动物体内之后,都曾一一碰到了。

动物体内之有淋巴组织是含有抵抗作用的。淋巴细胞也就是抗敌的细胞,白血球之一种。所以淋巴这草黄色的流液,实富有排除外物的力量呀,我往往为它所驱逐而逃亡。

那么,扁桃腺就是淋巴组织最高的建筑物,就是动物身内抗菌的大堡垒了。当我初从鼻孔或口腔进到舌上喉间的时候,真是望见之而生畏。

后来走熟了这两条路,看出了扁桃腺的破绽与弱点。原来它的里外虽有很多抗敌的细胞把守,而它的四周空隙深凹之处可真不少,那里的空气甚不流通,来来往往的食货污物又好在此地集中,留下不少的渣滓,反而成为我藏身避难的好所在了。

我就在这儿养精蓄锐,到了有机可乘时,一战而占领了扁桃腺,作为攻身的根据地了。于是那动物就发生了扁桃腺炎了。

这在人类就非常着急!认为扁桃腺在人身上有反动的阴谋,和盲肠尾是一流的下贱东西,无用而有害,非早点割弃它不可。

其实人身的扁桃腺及其他淋巴腺愈发达,尤其是呼吸道的淋巴腺愈发达,愈足以表现出人菌战争之烈。

人若得胜，淋巴腺则是防菌的堡垒，我若得胜，这堡垒则变成我的势力区了。

淋巴腺，在动物的进化过程中，还是比较新进的东西。这是由于我的长期侵略，它们的积极抵抗，相持既久，它们体内就突然发生了这种防身的组织。

我生平对于冷血动物，素以冷眼看待，不似对于热血动物那般的热情，所以我在它们体内游历的时候，也没有见过有什么淋巴腺、扁桃腺之类的组织，这是因为我很少侵略它们的内部器官，我不过常拿它们的躯壳当作过渡时期的驻屯所罢了。有时还利用它们为我投奔高等动物身内的天梯或桥梁哩。这之间，就以昆虫之类最肯帮我的忙，尤以苍蝇、蚊子、臭虫、跳蚤、身虱、八角虱之流，这些人类所深恶的东西，更其喜欢和我密切地合作，这是后话。不过，我如想从鼻孔进攻人兽之身，那还须靠灰尘的牵引。

我曾经游遍了普天下动物的身体，只见到鸟类和哺乳类才有淋巴腺、扁桃腺之类的抗敌组织，而以哺乳类的淋巴腺为最发达。到了人，这淋巴腺的交通网更其繁密了。人原是顶多病的动物呵。淋巴腺在进化途中实是传染病的一种纪念碑呵。

高空的飞鸟绝不会得肺痨病，它们常吸新鲜的空气，它们的呼吸道里我是不大容易驻足的，因此这条道上的淋巴腺也没有它们消化道的肠膜下的淋巴腺那样多。

肺痨病虽有鸟、牛、人之分，而关系鸟的部分受害者也只限于鸡鸭之群，人类篱下的囚徒罢了。于是它们呼吸道里的淋巴腺，是比飞鸟的增加了。

至于蝙蝠这夜游的动物，好在檐下或树林间盘旋飞舞，我自从那一回碰到了它的鼻子之后，就渐渐地熟悉它的呼吸道上情形。我见它当初也没有什么扁桃腺，后来为了对付我而新添了这件隆起的东西。

由此可见我和动物的呼吸道发生了关系之后，扁桃腺及其他淋巴腺所处地位的崇高而重要了。所以，我在这一章的自传里，特地先记述它们。它们的发生是由于我的刺激，我的行动又以它们为路碑，我和它们的关系是多么密切呵。

我冲进鸟兽和人的鼻孔的机会固然很多，虽然这也要看灰尘的多寡，鸟兽之群及人口的密度如何。

高阔的天空不如山林的草原，农村的广场不如都市的大街，公园不如戏院，贵人的公馆不如十几个人窝在黑暗一间的棚户。总之，人烟愈稠密，人群愈拥挤，我从空中到鼻子，从鼻子又到别的鼻子的机会也愈多了。

我在乡村的田园上飞游之时，生活过于空虚，颇为失意。于是，就趁着乡下人挑担上城的时候，我就附着他的身上，到这浮尘的都市观光来了。

在都市的热闹场所，我的生意极其兴隆。这儿不但有灰尘代我宣扬，还有痰花口沫的飞溅而助我传播了。

从此呼吸道上总少不了我的影子。这条入肺的孔道，我是走得烂熟了。它的门户又是永远开放的。

虽然，婴儿初离母胎的当儿，他的鼻孔和口腔以内，绝对没有我的踪迹。但经过了数小时之后，我就从空气中一批一批地移民来此垦殖了。

我的移民政策是以呼吸道的形势与生理上的情形来决定的。要看那块地方，气候的寒暖如何，湿度如何，黏膜上有无隙缝深凹之处，氧气的供给是否太多，组织和分泌汁的反应是酸是碱抑或是中间性，细胞胞衣上的纤毛，它们的活动力是否太强烈了。须等到这些条件都适合于我的生活需要了，然后这曲折蜿蜒海岸线似的呼吸道，才有我立身插足之地呵！

此外，还有临时发生的事件，也足以助长我的势力。如食货和外物的停积，是加厚了我的食粮；如黏膜受伤而破裂，是便利了我的进攻，更有那不幸的矿工，整天呼吸着矽灰，他的肺瓣是硬化了，变成了矽肺，这矽肺是我所最喜盘踞的地方。我家里那个最不怕干的孩子，人们叫它做“痨病菌”的，便是常在这矽肺上生长繁殖，于是科学先生就说，矽肺乃是肺痨病的一种前因。这是矿工受了工作环境的压迫，没有得到卫生的保障，人必先糟蹋了自己的身体，而后我才有机可乘，这不能专怪我的无情吧。

在十分柔滑而又崎岖不平的呼吸道上，我的进行有时是有如许的顺利，而有时又甚艰险了。因此，我这一群里，有的看呼吸道如“天府之国”，有久居之意；有的又把它当作牢狱似的，一进去就

巴不得快快地出来;又有的则认为是临时的旅舍,可以来去无定。这样,终主人的一生,他的呼吸道上,我的形影是从不会离开的。

这呼吸道又很像一条自由港,灰尘的船只可以随意抛锚。就我历次经验所知,这条曲曲折折的自由港又可分为里中外三大湾。

里湾以肺为界岸,出去就是支气管,而气管,而喉。中湾界于口腔与鼻洞之间,是呼吸道和食道的三岔路口,是入肺入胃必经的要隘,隆肿的扁桃腺就在这里出现,这一湾的地名就叫做"口咽"。口咽之上为鼻咽,那是外湾的起点了。鼻咽之前就是迂曲的鼻洞,分为两道直通于外。

迂曲的鼻洞,我是不大容易居留的,那里时有大风出入,鼻息如雷,有时鼻涕像瀑布一般滚滚而流,冲我出来了。所以在平时,鼻洞里的我大都是新从空气中游来的,而且数目也较为不多。我本是风尘的游客,哪配久恋鼻乡呢?何况前面还有森严的鼻毛,挡住我的去路啊!

可是,鼻洞里的气候时时在转变着,寒暖无常,有时会使鼻禁松弛了,我也就不妨冒险一冲,到了鼻咽里来了。

在鼻咽里,我是较易于活动,而能迅速地繁殖着。但,我的繁荣,究竟是受了当地食粮的限制,于是我不得不学成侵略者的手段了。这我也是为着生计所迫,而不能不和鼻咽以内的细胞组织斗争呵!

所以,到了鼻咽以后,我的性格就不似从前在空中时那样的浪漫与无聊,变得泼辣勇猛多了。

由鼻咽到口咽,一路上准备着厮杀,准备着进攻。我望见那红光满目的扁桃腺,又瞥见那一开一合的大口,送进一闪一闪的光明,光明带来了许多新鲜的空气。我在这歧路上徘徊观望,逡巡不敢前进。久而久之,习惯使我胆壮,我就在口咽的上下、扁桃腺的四周埋伏,等候着乘机起事。所以在人身,我的菌众与种类,除了盲肠的左右而外,要算以咽喉之间为最多了。

我在呼吸道上进攻的目的地,当然是肺。

那儿有吃不尽的血粮,
那儿有最广阔的地场,
肺尖又脆肺瓣又弱,
我可以长期地繁殖着,
但我在未达到肺脐前,
要尝尽千辛万苦;
一越过了软骨的音带,
突然就遇着诸种危害:
四围的细胞会鼓起纤毛来扫荡我,
两旁的黏膜会流出黏液来牵绊我,
喷嚏、咳嗽、说话与呼吸又来驱逐我,
沿途的淋巴腺满布着白血球突来捕捉我。

我真是无可奈何了。所以在天气好的日子,从咽喉到肺这一条深港是平静无事的,我就偶尔跌进里头去,也没敢多流连呀!

一旦云天变色,气候骤寒,呼吸道上忽然遇着冷风的袭击,我一得了情报,马上就在扁桃腺前召集所有预伏的菌兵菌将,会师出发,向着肺门进攻。

当那时,全咽喉都震撼了。

肺港之役

肺港之役是我的优胜纪录，是我生平最值得纪念的一件轰轰烈烈的大事，是我进攻呼吸道的大胜利。在这胜利的过程中，我几乎征服了全人类，全生物界为之震惊。

虽然，在这之前，我还有许多其他伟大的战绩，但都以布置不周，我作战的秘密，一一都为科学先生所揭穿了。如14世纪横行欧洲的大鼠疫，就是我利用了家鼠与跳蚤攻人皮肤的大胜。如扫荡全世界六次的大水疫，就是我勾结苍蝇与粪水攻人肚肠的大胜。谁知道自19世纪末期以来，科学先生发明了抵抗我军的战略，从此卫生先进的国家都很严密地防范我，我哪里再敢从这两条战线上大规模地进攻人类呢？鼠疫和水疫打得人类如落花流水，也是我两番光荣的胜利呵，在以后还要详细地追述，这里不过提一提罢了。

至于肺港之役，是我出奇兵以制胜人类，使聪明的人类摸不着防御我的法门而甘拜下风呀。

自那位胡子科学先生提出了抗菌的口号以来，他的徒弟徒子等相继而起，用着种种奸巧的计策，在各种传染病的病人身上，到处逮捕我。从公元1874年，我有一个淘气的孩子，在麻风病人的身上细嚼他的烂皮肉的时候，突然被一位科学先生捕捉了去，此后二十五年之间，欧洲各处试验室里高燃着无情之火，正是捕菌运动最紧张的时期,我的家人亲友被囚入玻璃小塔里的真是不计其数。他们(指试验室里的工作人员)用严刑来拷问我,用种种异术来威胁我,灌我以药汤,浸我以酸汁,染我以色料,蒸我以热气,无非要迫我现出原形于显微镜之下。

更有所谓传染病的三原则是一位著名的德国医生所提出的,他们都拿来作为我犯罪的标准。

假如,据他们实验观察的结果,我和某种传染病的关系都合了下面所举的三原则,就判定我的罪状,加我以某种传染病的罪名。我菌儿这一群,平时大家都在一起共同生活,有血大家喝,有肉大家吃,不分彼此,不立门户,也不必标新立异地各起名称,大家都是菌儿,都叫做菌儿罢了。这是这一篇自传里我的一贯的主张。而今不幸,多事的科学先生却偏要强将我这一群分门别类,加上许多怪名称,呼唤起来,反而使我觉着怪麻烦的。何况,像我这多样而又善变的生活方式,若都一一追究出来,我的种类又岂止几千多种。这便在命名上不免发生纠纷,成为问题了。

闲话少讲。先谈谈这传染病的三原则吧。

我常听到科学先生说,每一种特殊的传染病,一定都有一种特殊的病菌在作祟,所以他们要认清病菌,寻出正凶,而后才可以下手防御,发出总攻击令,不然则打倒的若不是凶手,凶手却仍在放毒杀人,病仍是不会好的呵。他们似乎又在讲正义了,并不盲目地加害于我的全体。

那么,传染病的凶手是怎样判定的呢?这要看他们如何检查我那个特殊的淘气的孩子的行动了。

他们的第一条原则是:要在每一个得了这特殊的传染病的病者身上,捉到我这行凶的孩子,而且它就捕的地点也应该就是行凶的地点。这是说,若在其他不相干的地方抓到它,而真正的伤口上反而不能寻获,那证据就有些靠不住了。我这一群来来往往在人身做过客的很多很多,自然不可以随意指出一个说它是凶手。要在出事的地点常常发现的才是嫌疑犯。

第二条原则是:这凶手要活生生地捉到,并且把它关在玻璃小塔里面,还能养活它,并且还会一代一代地传种传下去,别的菌种都不许混进来,以免有所假冒,以免鱼目混珠,要永远保持那凶手的单独性。若凶手早已死去,或因绝食而自毙,则它的犯罪的情形将何从拷讯?

它的真相将何以剖明?

假定凶手是活擒到了,它也能在外界继续地生长着,独囚一室,不和异种相混,然而也不能就此判定它是这病的主犯,有时也许是抓错了,也许它不过是帮凶而已,而正凶反而被逃脱。怎么办呢?那就要用第三条原则来决定了。

第三条原则就是动物试验。拿弱小的动物作为牺牲品,把那有嫌疑的菌犯注射进这些小动物的体内去,如果它们也发生同样的病状,那就是这特殊传染病的正凶之铁证,不能再狡赖了。

我在旁听了之后,不禁叹服这位科学先生的神明,他能这样精巧地定计破贼,真是科学公堂上的包拯呵!然而,这使我为着那一批专和人类作对的蛮孩子担心了。

科学先生的狡计虽然是厉害,我攻人的计划几乎一一都为他们所破坏了。但是,强中还有强中手,我家里有三个小英雄,就不为他们的严刑所恫吓,就不受这传染病的三原则所审理。

肺港之役,我连战皆捷,就是这三位小英雄安排好的巧计,真是难倒了科学先生,他们至今还没有法子可以破除。

这三位我的小英雄,科学先生已给它们起了传染病的罪名了。

第一名,他们说它是猩红热的正凶,叫它做溶血链球菌。

第二名,他们说它是肺炎的主犯,称它做肺炎双球菌。

第三名,他们说它是流行性感冒的祸首,唤它做流行性感冒杆菌。

这他们当然是根据传染病的三原则而建议的。然而，我的这三个孩子的行动并不是这么单纯。它们的犯案累累，性质又未必皆相同。如第一名，不仅使人发生猩红热，什么扁桃腺炎、丹毒、产褥热、蜂窝组织炎之类的疾病，也都是由它而起。我这里所谈的肺港事件，就与它有密切的关系。……总之，这三位小英雄在侵略人体时，都是随机应变，它们的生活是多方面的。可见这些科学的命名也免不了有些附会牵强了。我们切不可认真，认真了就有以名害实的危险呵。在我的自传里，提起孩子的名称这还是第一遭，所以特地声明一下。

我这三位小英雄，都是最爱吃血的微生物。为了要吃血，它们奋不顾身地往肺港里冲。它们又恐怕遭敌人的暗算，所以常是前呼后应地结成联合阵线，胜利则同进，败则同退，不但白血球应接不暇，就是科学先生前来缉凶的时候也迷惑了，弄不清楚哪一个是真正的凶手呀。

当我在扁桃腺前会师出发，往着肺门进攻的时候，一路上遇到不少的挫折，我的其他孩子们都在半途战死，独有这三位小英雄，在这肺港里横冲直撞，所向无敌。

肺港是一个曲折的深渊，前半段，从咽喉的门户到肺叶的边界，是呼吸道的里湾，肺叶以内分为无数肺泡，这些肺泡便是呼吸道的终点。

我进了肺港之后，若不遇到阻挡，就一直往下滚，滚，滚过了支气管，而小支气管，而最小支气管。它们像树枝一般渐渐地小下去，渐渐地展开，我也顺着那树枝的形状快快地蔓延起来。一进了肺叶，那管口更愈分愈细了。穿过了一段甬道似的肺泡小管，便是空气洞，再进则为空气房，合空气洞与空气房便是一个肺泡。新旧的空气就是在这儿交换。所以我在途中前后都有大风，冷风推我前进，热风迫我后退。

在肺泡的壁上，满布着血川的支流。心房如大海，血管似江河，血川就算是微血管的化名了。在这儿，我看见污血和新血的交流，我看见血球在跳跃，血水在汹涌澎湃，我细胞的饿火燃烧起来了。

全肺所有肺泡的面积，胀得满满的时候，约有90平方米，这比全皮肤的面积还大了一百倍。因此在这儿，血川的流域甚广甚长，况且肺泡的墙壁又是那么薄弱，那壁上细胞的纤毛这儿又都已不见了。到了这里，血川是极容易攻陷的，我的吃血是便当的事了。

为了吃血的便当，我这三个爱吃血的孩子就常常深入肺泡，强占肺房，放毒纵兵，轰炸细胞，冲破血管，与白血球恶战，与抗毒体肉搏，闹得人肺发硬作病流血出脓，而演成人身的三大病变——伤风、流行性感冒、支气管肺炎——一次比一次紧张，一回较一回危急。

伤风是我的小胜，流行性感冒是我的大胜，支气管肺炎是我的全胜。

在人生的旅途中，谁个不得过几次或轻或重的伤风呢？在流行性感冒大流行的时期，三人行必有一人被传染，尤其是在1918至1919年那一次，全世界都发生了流行性感冒的恐慌，我的声势之大真是亘古所未有，几个月之间，人类之被害者，比欧战四年死亡的总账还要多。至于支气管肺炎，那更是人人所难逃免的病劫。人到临终的前夕，他的肺都是异常虚弱，我的菌众竞来争食，因而他的最后一次的呼吸，往往是被支气管肺炎所割断了。这可见我在肺港之役的胜利，是一个伟大而普遍的胜利。人类是无可奈何了。

伤风是人类司空见惯的病了，多不以为意。流行性感冒，你们中国人有时叫它做重伤风。那支气管炎也就可以说是伤风达到最严重的阶段了。他们都只怪风爷的不好，空气的腐败，却哪里知道有我，有我这三个在肺港里称霸的孩子在侵害。

我这三个孩子当中，尤以那被称为流行性感冒杆菌的为最英勇。它在肺港之役是我的开路先锋。它先冲进肺泡里，到了血川之旁去散毒。它并不直接杀人，也不到血液里去游泳，而它的毒素不尽地流到血液里，会使人身的抵抗力减弱了。它却留着刽子手的勾当，给我那后来的两个孩子做。

于是，在伤风病人的鼻咽里，科学先生最常发现它；在流行性感冒病人的痰吐里，它仍常寻得见；在支气管肺炎病人的血脓里，则寻见的不是它，只剩下我那两个孩子——肺炎双球菌和溶血链球菌了。

所以，伤风不会杀人，流行性感冒也不会杀人，然而它们却往往造成了杀人的局势，而把死刑的执行交给支气管肺炎了。

科学先生当初以为我那孩子是流行性感冒唯一的凶手，因此加它以这样一个沉重的罪名。后来因为它的罪证并不完全，在传染病的三原则上很难通过，就减轻了它的罪，判它为流行性感冒的第二凶手，而把第一凶手的嫌疑，疑惑到比我还要小几千百倍的微生物，所谓“超显微镜的生物”[1]之类的身上了。

科学先生感到这肺港里的三大病变的复杂性了。这使他们的免疫苗的防御不中用，血清的抵抗不见效，预防乏术，治疗亦无法。科学先生也无可奈何了。

自从科学之军崛起，我在其他方面进攻人类都节节败退，独有肺港之役，我获得最大的胜利。这是我那三个小英雄之功。

将来的发展如何，我不知道，但因为我在人身有极重大的经济利益，我始终要要求人类承认我在肺港的特殊地位，承认我的侵略权。

肺港里还有其他的纠纷事件，如肺痨、百日咳、大叶肺炎、肺鼠疫，如此之类，以及要封锁港口的白喉，那都因为性质不大同，都不及在此备载了。

---

① 即过滤性病毒。

吃血的经验

从血川到血河，一路上冲锋陷阵，小细胞和大细胞肉搏，鞭毛和伪足交战，经过无数次的恶斗，终于是我得胜了，占领了血河，而人得败血症的病死了。

于是科学先生就板起面孔来，在试验室里，大骂我是穷凶极恶的暗杀党，谋害了宝贵的人命，他们一定要替人类复仇，发明新武器来歼灭我。

这不但于我的名声有损，而且连我在生物界的地位都动摇了。这我在这一章里是要述明我的立场哩。

中国的古人不是说过吗："民以食为天。"我是生物界的公民之一，当然也以食为天，不能例外。

我的生活从来是很艰苦的。我曾空中流浪过，水中浮沉过，曾冲过了崎岖不平的土壤，穿过了曲折蜿蜒的肚肠，也曾饿在沙漠上，也曾冻在冰雪上，也曾被无情之火烧，也曾被强烈之酸浸，在无数动植物身上借宿求食过，到了极度恐慌的时候，连铁、硫和碳之类的矿盐，也胡乱地拿来充饥，我虽屡受挫折，屡经忧患，仍是不断努力地求生，努力维护我种我族的生存，不屈服，不逗留，勇往直前迈进。我这样地无时无刻不在艰苦生活之中挣扎着。我的生活经验，可以算是比一般生物都丰富得多了。我这样地四方奔走，上下飘舞,都是为着吃的问题没有解决呀!

我想,生物的吃,除了一般植物它们所吃是淡而无味的无机盐而外,其他的如动物界中的各分子及植物界中之有特别嗜好者,它们所吃,就净是别的生物的细胞。它们不但要吃死去的细胞,还要吃活着的细胞。

吃人家的细胞以养活自己的细胞,这可以说是生物界中的一种惯例吧。于是各生物间攘争掠夺互相残杀的事件,层出不穷了。

我菌儿虽是最弱最小的生物,在生物界中似乎是居最末位的,但我对于吃的问题也不能放松!

我几乎是什么都吃的生物,最低贱的如阿米巴的胞浆,最高贵的如人类的血液,我都曾吃过。我虽是被列入植物界,但我所吃,所爱吃的,绝不像植物所吃的那样淡泊而没有内容。我的吃是复杂而兼普遍,我是最能适应环境的生物。

但是,我因感着外界的空虚,寂寞而荒凉,我的细胞时有焦干冻饿的恐慌,所以特别爱好在动物身上盘桓,尤其是哺乳类的动物,人和兽之群。他们的体温常是那么暖和,他们又能供给我以现成的食料。我在他们的身上,过惯了比较舒适的生活,就老不想离开他们的圈子了。于是我的大部分菌众就在这圈子之内无限制地生长繁殖起来了。

人和兽之群,在我看去真是一座一座活动的肉山啊!

我初到人兽身上的时候,看见那肉山上森严地立着疏疏密密的森林似的毛发须眉,又看见散乱地堆着,重重叠叠的乱石似的皮屑。我就随便吃了这些皮屑过活,那时我的生活仍然是很清苦的。

后来我又发现肉山上有一个暗红的山洞,从那山洞进去,便是一个弯弯曲曲无底的深渊,那就是人兽的肚肠。肚肠是我的天堂,那儿有来来往往的食货。我就常常混在里面大吃而特吃。但不幸我在洞里又遇到了一种又酸又辣的液汁,我受不住它的浸洗。所以除了我那些走熟这一条路的孩子们以外,我的大部分的菌众都不能冲过去。这天堂仍是一个特殊阶级的天堂呵!

有一回,人的皮肤上忽像火山一般地爆裂了,流出热腾腾红殷殷的浓液。当时我很惊异这东西是从哪里来的呢?后来我在"肺港"里是见惯了它,它的诱惑力激动了我的食欲和好奇心。我的细胞就往往不自禁地跳进它的狂流之中去。我尝了它的美味,从此我对于人兽的身体就抱着很大的野心了。

我虽有吃活人活兽之血的野心,然而这并不是轻而易举的事,这也并不是我菌群中全体的欲望。这种侵略人兽的大举有些像帝国主义者的行为,虽然那不过是我族中少数有势有力的少壮细胞所干的事,帝国主义者的侵略弱小民族也并不是他们国内全体人民的公意呀。所以你们不要因为我少数的"菌阀"的蛮干,使人类不安,而加罪于我的全体,连我一切有功的事业也都抹煞了。

人类本来都茫然不知道我在暗中的活动,我的黑幕都是给多疑的科学先生所揭穿的。他们老早就疑惑到我和人兽之血的恶关系了。于是他们就时常在人血兽血中寻找我的踪迹。因为在初生的婴孩,他的肠壁的黏膜,还不十分完整与坚实,他们想我到了那里,一定是很容易通行的。又因为在猪牛之类的肌肉和组织里,他们时常发现了我。因此他们对于我是更加疑忌了。但是在健康之人的血液里,他们老寻不着我,罪证既不完全,他们就不能决定我会在活血里行凶呀。这是因为在平时血液的防卫很严密,我很不易攻入。我就是偶尔到了活血里面,不久也被血液里的守军杀退了。

血液是那样密密地被包在血管里,围在皮肤和黏膜之内,我要侵入血流中,必先攻陷皮肤和黏膜。所以在平时皮肤的每一角落,黏膜的每一处空隙,都满布着我的伏兵,我在那里静候着乘机起事哩。

皮肤和黏膜的面积虽甚广大，处处却都有重兵把守。皮肤是那样坚韧而油滑，没有伤口即不能随便穿过。眼睛的黏膜有眼泪时常在冲洗，眼泪有极强大的杀菌力量，就是把它稀释到四万分之一，我还是不敢在那里停留。不这样，你们的眼睛将要天天在发红起肿了。呼吸道的黏膜又有纤毛，会扫荡我出来。胃的黏膜，会流出那酸溜溜的胃汁，来溶化我。此外是鼻涕、痰和口津之类也都会杀害我。真是除了汗、尿，和人们不大看见的脑脊髓液而外，人和兽之群乃至于一切动物，乃至于有些植物，它们的体内，哪一种流液，哪一种组织，不在严防我的侵略，不有抵抗的力量呀！

至于血，当然啰，那是高等动物所共有的最丰富的流体，它的自卫力量更是雄厚了。

血，据科学先生的报告，凡体重在一百五十磅①左右的人都有七公升的血，昼夜不息、循环不已地在奔流着，在荡漾着，在汹涌澎湃着。血，它是略带碱性的流体，我在血水里闻到了蛋白质、糖类和脂肪的气味了；我见过了钠的盐、钙的盐的结晶体了；我尝到了内分泌和氧的滋味了。

在血的狂流中，我又碰到了各种各式的血球在跳跃着，在滚来滚去地流动着。

我最常遇到的是像车轮似的血球，带点青黄的颜色，它的直径只有七微米半，它的体积只有二微米半，它的胞内没有核心，它像一只一只的粮船，满载着蛋白质和脂肪，在我的身旁掠过。我看它那样又肥又美的胞体，我的饿火上冲了。我曾听科学先生说过，它的胞体里还有一种特殊的色料，叫做“血色素”，那是最珍奇的一种食宝。我远远地就闻见了动物的腥味，那就是从这血色素里所放出来的气味吧。我的少壮细胞爱吃人兽之血，目的也就在它的身上吧。

---

① 1磅约等于0.4536千克。

但我在血的狂流中,又遇到了一群没有色素的血球了。它们的胞体内却有了核心。那核心的形状又有好些种。有的核心是蛋大的,几乎占满了血球的全身;有的核心是肾形的;有的核心的形状是凹凸不平的。它们这一群都是我的老对头,我在血中探险的时候,常受着它们的包围与威胁,它们会伸出伪足来抓我。

我又看到了一种卵形无色的小细胞,它有凝结血液的力量,我常被它绑住了。有人说它是白血球的分解体,叫它做"血小板"。

还有一种一半是蛋白质一半是脂肪的有色的细粒,科学先生叫它做"血尘",大约它们就是死去的红血球的后身吧。

此外,更奇怪的就是,我在血流中奔波的时候,我的细胞常中途而死,不知是中了谁的暗算,这我在后来才知道是所谓"抗体"之类无形的东西在和我作对呀。

血液是我所爱吃,而血管的防卫是那么周密,红血球是我所爱吃,而白血球的武力是那么可怕,每六百粒红血球就有一粒白血球在巡逻着,保卫着它们!在这种情势之下,我有什么法子去抢它们来吃呢?我的经验指示我了:

第一要看天时。在天气转变的时候,人兽的身体骤然遇冷,他们皮肤和呼吸道的黏膜都瑟瑟缩缩地发抖起来,微血管里的血液突然退却,在这时候我的行军是较顺利的。或是外界的空气很潮湿,很温暖,我虽未攻入人体的内部,也能到处繁殖,所以在热带的区域,在人兽的皮肤上,常有疔疮疖子之类的东西出现,那都是我驻兵的营地呀。

第二要看地利。皮肤一旦受了刀伤枪伤而破裂,我就从这伤口冲入。有时人的皮肤偶为小小的针尖所刺,不知不觉地过了数小时之后,忽然作痛起来,一条红线沿着那作痛的地方上升,接着全身就发烧了,这就是我的先锋队已从这刺破的小孔进攻,而节节得胜了呀。

然而在抵抗力强盛的身体,这是不常有的事。在平时我一冲进皮肤或黏膜以内,血液就如风起潮涌一般狂奔而来,涌来了无数的白血球,把我围剿了。这就是动物身体发炎的现象,发炎是它们的一种伟大的抵抗力量呵!

但是在身体虚弱的人,他们的抵抗力是很薄弱的,发炎的力量不足以应付危机。于是我就迅速地在人身的组织里繁殖起来了,更利用了血管的交通,顺着血水的奔流,冲到人身别的部分去了。有时千回百转的小肠大肠,会因食物的阻塞,外力的压迫,而突然破裂,那时伏在肠腔里的我就趁势冲进腹膜里去,又由淋巴腺而淋巴管而辗转流到血的狂流中去。这是我由肠壁的黏膜而入于血的捷径。

我又有时在外物与腐体的掩护之下,攻入血中。我伏在外物或腐体里,白血球和其他的抗菌分子就不能直接和我作战了。例如在人类不知消毒的时代,产妇的死亡率很高,那就是因为我伏在产妇身上横行无忌的缘故。

第三要看我的群力。我的进攻人身的内部,必须利用菌众的力量,单靠着一粒一粒孤军无援的细胞作战,是不济事的。我必须用大队的兵马来进攻。例如人得伤寒之病,是因为他所吃的食物里,早就有我的菌众伏在那里繁殖了。

第四要看我的战术。我要攻入血管,有时须勾结了蚊子、臭虫和身虱之类的吮血虫作我的先驱,作我的桥梁。

第五要看我的武器。我有时又当使用毒素之类凶险的武器。那毒素是屠杀动物细胞最厉害无比的利器。我常伏在人兽之身的一个小角落里施放这毒素。

总之不论用什么法子,从哪一个门户进攻,我的大队兵马一旦冲进了血管里面,占领了血河,在血的狂流中横冲直撞,战胜了白血球,压倒了抗体,解除了血液的武装,把一个一个红血球里的血色素尽量地吃光了,那个人的生命就不保了。

人死后,埋了拉倒,我可在那尸体里大餐大宴,那就是我的菌众庆功论赏的时候了。

不幸,近来殡仪馆的人,得到了消毒的秘诀,常把尸身浸在杀菌的药水里。又不幸,有些地方的民俗常用火葬,把尸体全烧成灰,那真是我的晦气。我不料在完全侵占了人身之后,竟同趋于灭亡,我的全军覆没了。这也许是人类的焦土政策吧!

乳峰的回顾

红润而滑腻的肠壁,充满了血腥和乳臭的气味,壁上的黏膜还不十分完整,黏膜里一排一排的上皮细胞还不十分紧连密接,从胃的下口不时流进了一滴滴雪白的乳汁。

这是一个新生婴儿的肠腔。在这样的一个新肠腔里,我是第一个小旅客。我也就是伏在那些乳汁里面混进来的呵。

这时候,肠腔里的情形很荒凉,寂寞的空气笼罩着我的四周,一点儿杂色的货物也没有,就是流进来的乳汁,一忽儿也都自干了,剩下我,孤单地在中道彷徨着。

虽然,我知道,不久就会热闹起来,不久将有更多的乳汁流进,含有各种不同性质的食物也会源源而来,那时我的远近亲友,微生物界里形形色色的分子,都会争先恐后地齐来垦殖这新开拓的处女地。

然而,在目前这婴儿肠腔里的环境,是那么冷落空虚,孤独的心情压迫着我的核心,使我再也不能忍受下去了。曲折蜿蜒的肠子,又不停地在蠕动着,震荡得我几乎要晕倒在它的黏液中了。

在黏液中,我似梦非梦地在独自思念着,想起了无限缠绵悱恻的往事。

我想起了占领"人山"的经过。自从我那回攻入他的血管以后，我的生活就非常紧张，没有一刻不在战斗中过日子，而且还有与人同归于尽的危险。于是我不得不去另觅出路了。

我在“人山”上爬行，常望见他的胸前有两座圆而高耸的乳峰，遥遥相对着。我初以为它们是和熄灭了的火山一样，极其平静无事的。我抱着好奇的心理到了那峰口去探望。

我就从这峰口进去，一进去便是一间萎缩了的空囊，曾贮藏过什么东西似的。再进就是自来水管似的圆洞，一共有十五洞至二十洞之多。愈入愈深，那圆洞也越分越细，最后到了一间最小的空房，便碰了壁，不能再前进了。

我沿途都望见有厚厚薄薄的结缔组织，包围着乳洞乳房的墙壁。在那壁上，我又看见有不少的脂肪在填积着。我想，那乳峰之所以会那样肿胖而隆起，大约就是这些结缔组织和脂肪在撑持着吧。可是，有的“人山”上的乳峰并不怎样高，有时竟萎缩到像平地上的一个小阜而已，那也就是因为脂肪太缺少，结缔组织又都已退化了吧。

我陡然地，又在那些结缔组织里面，发现了神经的支末，发现了动脉和静脉的血管、微血管以及淋巴管之类的东西在跳动着。我想，神经和血管都派有代表在这儿驻扎，那不久一定就会发生大变动呀。于是我就静伏在乳峰的四周，不时又爬到那峰口里去窥探，打听有什么消息。

许久，许久，一些儿动静也没有。那“人山”却一天比一天长大起来了，山地上涌出的油和汗也加多了，那两座乳峰总是那么沉寂。我失望了。我就离开了这“人山”，又飘到了别的“人山”去视察了。

我这样地辗转流徙，到过了不少的“人山”，登上了不少的乳峰，最后我来到了一座丰满而肥大的“人山”，那山上的乳峰也格外高耸而膨胀，我觉着有些异样，忽然如地震一般，那“人山”动荡得非常厉害，又如雷响一般，哇的一声，什么东西堕地了。

我惊慌了，我疲乏了，我昏然地跌倒在那散满了油汗的山地上。过了几个时辰，我正懒洋洋地躺在那儿休息，忽然一盆温水似的，从上头浇下来，我的细胞浑身都透湿了。我四周一看，望见像山巅积雪融溶化了似的，白茫茫的乳汁，从那峰口涌出，滚滚而下。

在那白茫茫的乳汁里，我遇见了不少的小乳球，不少的珍物奇货，都是脂肪、糖、蛋白质之类的好东西，都是我的顶上等的食品，我真喜出望外了。

脂肪之类，有液脂、软脂、磷脂等等，都非常可口。

糖之类，就有那著名的乳糖，我所爱吃。

蛋白质之类，有干酪素、乳球蛋白、胆脂素、尿素、肌肉素等等，都是不可多得的。

此外，还有酵素，还有无机盐，还有其他零星的小东西，如药料、香料等等，数也数不清了。

有这样多、这样美的食品，装在一颗一颗的小乳球里，在白茫茫的乳汁中荡漾着，我可以大吃特吃了。

我吃过了乳球，觉得它比血球更好吃，而且乳汁里没有白血球在巡逻着，没有抗体在守卫着，虽也有一点杀菌的力量，可是薄弱得很，那我是不必怕的。况且乳汁又不像血液那样密密地包封在血管里面，它终于是要公开地流露在外界的。好了，那我要吃乳球是便当的事了。

然而，真奇怪，这么多的乳球和乳汁是从哪里跑出来的呢？好奇的心理又引我重新爬进那峰口里去探视。

这时候，萎缩的孔囊已经高涨起来了。乳洞乳房里，都涨满了乳汁。结缔组织已经大大地减少了。乳房壁上的细胞，一个个都异常地活跃。我看见有几粒立方形的细胞，正在渐渐地拉长，变成了圆柱形了，在它的一头，一点一点的油点，不停地在涌出。这些油点，积少成多，不久就结成了一颗大得可观的乳球，比我的身子要大了好几倍。这些乳球，又愈聚愈广，出了乳峰之口，就如喷水池一般倾泻而下了。

我记得，当我在血河里抢吃红血球的时候，似乎并未曾遇见过干酪素和乳糖之类的东西。显然地，这些罕见的东西，是乳球所特有，是乳房壁上的细胞自已制造出来的。不但如此，就是乳汁里的脂肪，它的内容，也和血液里的脂肪有些不同，就是乳汁里所含的各种无机盐的成分，和血液里所含的无机盐的成分也不一样。这样看来，在内容上，乳汁比血液是更复杂丰富而精美了。

然而乳汁，在原料上，那无疑地还是仰给于血液，还是红血球代它运送来的。那么，血管与乳房之间是有路可通了。

我在血河里，正苦着没有正当的出路，到了没有法子的时候，也只得随着眼泪、汗汁、尿水、鼻涕、口津、痰之类人们所厌弃的流液而出奔，不然则“人山”一旦崩溃，我将随着它的尸身，又回到我的土壤故乡去了。这是我所不愿意的。

我一生最大的希望，最野心的企图，就是在征服“人山”，尤其是幼小无力的“人山”，开拓我的新殖民地，使我族可以无限制地繁殖下去。现在我既发现了这乳峰里的秘密，我可以布置新的交通网了。

我可以从血管里冲进乳房，在乳囊里集中，在乳峰口会合出发，一喷就喷到婴儿口里去了。

我知道乳汁前途的环境是非常温暖而舒适的，在它的浸润中，我绝不至于冻饿，一到了婴儿的肚肠里，更是饱暖无忧了。

虽然，人到底是爱干净的动物，现代人的母亲更加讲究了。在哺乳之前，必有一番清洁的准备，用硼酸水或用酒精来洗刷她的乳峰，在这种消毒力量威胁之下，伏在乳峰四沿的我早已四散逃避了。

然而，我有一群淘气的孩子们会从血管里冲过来，预先和乳汁混在一起，有荚膜的鼓起它们的荚膜，有鞭毛的舞着它们的鞭毛，怒气冲冲地，预备一出去，一踏上婴儿的食道，就大显身手。不幸，这消息已被科学先生所侦察到了。讨厌的科学先生就大肆提倡什么验血验乳的勾当。什么“结核菌素反应”之类，都是故意与我为难，禁止我再入婴儿的口，绝我求生之路，我真愤恨极了。

“人山”上的戒备既是这样的严密，我的这一个侵略婴儿的计划，算是失败了，于是我又有占领“牛山”“羊山”上的乳峰作为攻人的根据地的企图。

其实，大如老虎狮子，小如兔儿鼠子，哪一个哺乳类的动物，它的乳峰上没有我的踪迹？正因为牛和羊的乳汁，是被人类夺去了作为日常的饮料，这些乳汁到了人口之前，不知要经过了多少的曲折，多少的跋涉，这之间，我就有机可乘，所以我特别爱好在它们的乳峰上盘桓，等候着机会的来临，等候着乳峰的开放。

在“牛山”上的乳峰开放了以后，我的菌众就纷纷地争来求食了。

有的从牛粪里飞上了“牛山”，又由“牛山”辗转而来到了乳峰之下，有的从牧场上的灰尘泥土奔来，有的从摄乳的人的手指、喉咙里、衣服上送来，又有的就预先伏在乳桶、乳锅、乳瓶、乳杯里等候了。从乳峰到人口，凡是乳汁游行所必经之路，一站一站的莫不有我的兵队，在黑暗里埋伏着。

乳汁来了，它把乳峰内外四旁的菌众，都冲到乳桶里去了。乳汁是最适合我的胃口的滋补品，于是我的菌众在那儿迅速地繁殖起来了。

所以普通没有消毒过的牛乳，一到了人口，已满载着我的菌众，我的菌数之多，实足以惊人，为卫生家所嫉视，科学先生为了这问题，更担心了。他们曾费了一番苦心来研究。据他们的报告，在一切饮用的流液之中，我的数目，当以牛乳里所含为最多。于是他们就定下了一种检查牛乳的法规，要加我以限制。我吃牛奶而已，与他们有什么相干，难道人可夺母牛之乳而饮，就不许我在奶汁里沾一点光吗？

我到了乳汁里之后，就择所好而吃，牛乳的内容本来也和人乳一样的丰富，不过它的干酪素较多，它的乳糖、它的脂肪则较少罢了。

我吃了乳糖，把它化成乳酸，这样含有乳酸气味的酸牛奶，常为欧美人士所喜吃，说是有助于消化，可以治胃肠的病，可见我的生活过程，对于人类，不全是有害，有时还有很大的好处，这酸牛奶的功用便是一个好例子。以后我还要举出许多别的例子来，这里不再唠叨了。

有时我吃了乳糖，不但产酸，而且产气，所产的酸，又不是乳酸，而是带点苦味的醋酸，那牛乳人就不肯吃了。

我在乳汁中，又会放出两种酵素：一种有分解干酪素的力量，一种会破散其他的蛋白质。那乳汁先凝结成乳块，再化成清清的乳水了。

至于乳汁里的脂肪，我也常吃，吃了就把那脂肪碱化了，使那乳汁又变成黄黄的透明之水了。

在上述这些情形之中，在我大吃特吃之后，乳汁都发生了重大而显露的变化，人眼可望而见，人鼻可嗅而知，人口可拒之而不饮，就不至于发生什么变故了。

然而有时“牛山”上的情形很恶劣，山谷里净是乌烟瘴气，我的一群淘气的孩子们已在山里东冲西突，乱抢乱劫，它们一得到乳峰开放的消息，一定会狂奔而来，混在乳汁里捣乱。呀！

在我菌众中，它们是最刁滑无比的一群，它们可以不动声色地偷偷地在那里吃乳。它们吃过了之后，那乳汁也不会发生任何变化，人不知不觉地若吃了这样的乳汁，那才危险哩。

就这样，我的这一群野孩子就随着乳汁深入到人身的内地去了。由于它们行凶的结果，所造成不幸的事件就有结核、伤寒、副伤寒、痢疾、白喉、猩红热、脓毒性的喉痛，乃至于布鲁氏菌病之类的疫病。不知什么时候这消息又被科学先生的情报处所侦知了。于是在“人山”的食洞里，在乳汁所走过的路途上，在“牛山”的乳峰里，他们就大肆搜捕我的菌众，我的儿孙们无辜而被牵连入狱者不计其数。

最后，科学先生得到了完全的罪证，他们才知道，这些从乳汁所传染来的疫病，都是我那一群淘气的孩子所干的事，和我普通的菌众无干。

他们又发现了我的孩子们的弱点。我那些淘气的孩子们，都是顶怕热的微生物，热一过了60℃，经过了二十分钟之久，它们就要死尽了，而其他与人无害的菌众，则仍可以在这热度中偷生。

所以在今日，牛奶的消毒，都是根据了这个原理。他们似乎是顾全了我全体的生命，不用蒸煎的法子来歼灭我的全部，而其实他们是为着自己的利益，因为牛奶一经煮开，它滋养的内容就会损坏了不少呀。

我听说，这种消毒法，又是那位胡子科学先生所想出来的花样，他真处处和我为难。唉呀，那胡子，他真是我的老对头！

食道的占领

食的问题真够复杂而矛盾了。

除了无情的水、无情的空气、无情的矿盐而外，一切生命的原料，都是有情的东西，都是有机体，都是各种生物的肉身。

地球上各种生物，都有吃东西的资格，也都有被吃的危险。不但大的要吃小的，小的也要吃大的。不但人类要宰鸡杀羊，寄生虫也要拿人血人肉来充饥。这不是复仇，不是报应，这是生物界的一贯政策，生存竞争。

在生物界中，我是顶小顶小的生物，我要吃顶大顶大的东西，不，我什么东西都要吃，只要它不毒死我。一切大大小小的生物，都是我吃的对象。因此，我认为我谋食最便当的途径，就是到动物的食道[①]上去追寻。我渺小的身体，哪一种动物的食道去不得？

为了食的追求，我曾走遍天下大小动物的食道。在平时，我和食道的老板，都能相安无事。

我吃我的，它消化它的。有时，我的吃，还能帮助它的消化咧。牛羊之类吃草的动物，它们的肚肠里若没有我在帮助着它们吃，那些生硬的草的生硬的纤维素，就不易消化呵。

---

① 食道在这里泛指消化道。

虽然,有些动物的食道,我是不大愿意去走的。蝎儿的肠腔我怕它太阴毒,某种蠕虫儿的肚子我嫌它太狭窄。北极的白熊,印度的蝙蝠,它们的食道上,我也很少去光顾,这我是受不了不良环境与气候的威胁呀!

我到处奔走求食,我在食道上有深久的阅历,我以为环境最优良、最丰腴的食道,要推举人类的肚肠了。这在前面我已宣扬过了。

人类的肚肠,是我的天堂,
那儿没有干焦冻饿的恐慌,
那儿有吃不尽的食粮。

人类这东西,也是最贪吃的生物,他的肚子,就是弱小动植物的坟墓,生物到了他的口里,都早已一命呜呼了。独有我菌儿这一群,能偷偷地渡过了他的胃汁,于是他肠子里的积蓄,就变成我的粮仓食库了。在消化过程中的菜饭鱼肉,就变成我的沿途食摊了。在这条大道上,我一路吃,一路走,冲过了一关又一关,途中风光景物,真是美不胜收,几乎到处都拥挤不堪,我真可谓饱尝人中的滋味了。虽然,我有时也曾厌倦了这种贵族式的油腻的生活,就巴不得早点溜出肛门之外呀。

然而,在平时,我的大部分菌众,始终都认为人类的肠腑是我最美满的乐土,尤其是在这人类称霸的时代,地球上的食粮尽归他所统治,他的食道,实在是食物的大市场,食物的王国呵。我若离开他的身体再到别的地方去谋生,那终于是要使我失望的呵。

这种道理,我的菌众似乎都很明白,因此,不论远近,只要有机可乘,我就一跃而登人类的大口。这是占领食道的先声。

在他的大口里,就有不少的食物的渣滓皮屑,都是已死去的动植物的细胞和细胞的附属品,在齿缝舌底之间填积着,可供我的浅斟慢酌，我也可以兴旺一时了。然而，我在大口里，老是站不住脚的。口津如温泉一般地滚流不息，强盛的血液又使我战栗，吞食的动作复把我卷入食管里面去了。不然的话，我一旦得势，攻陷了黏膜，那张堂皇的大口，就要臭烂出脓了。

到了食管，顺着食管动荡的力量，长驱直入，我的先头部队，早已进抵胃的边岸了。扑通一声，我堕入黑洞洞、热滚滚、酸溜溜、毒辣辣的胃汁的深渊里去了。不幸我的大部分菌众都白白地浸死了。剩下了少数顽强的分子，它们有油滑的荚膜披体，有坚实的芽孢护身，一冲都冲过了这食道上最险恶的难关，安然达到胃的彼岸了。

有的人，胃的内部受了压迫，酿成了胃细胞怠工的风潮，胃汁的产量不足，酸度太淡，消化力不够强，我是不怕他的了，就是从来渡不过胃河的菌众，现在也都踉跄地过去了。

有的时候，胃壁上陡地长出一个团团的怪东西，是一种畸形的、多余的发育，科学先生给它一个特殊的名称叫做“癌”。癌，这不中用的细胞的大结合，我就毫不客气地占领了它，作为我攻人的特务机关了。

一越过了有皱纹的胃的幽门，食道上的景色就要一变，变成了重重叠叠的、有“绒毛”的小肠的景色了。酸酸的胃汁流到了这里，就渐渐地减退了它的酸性。同时，黄黄的胆汁自肝来，清清的胰汁自胰腺来，黏黏的肠汁自肠腺里涌出，这些人体里的液汁，都有调剂酸性的本能。经过了胃的一番消化作用的食物，一到小肠，就渐渐成为中间性的食物了。中间性是由酸入碱必经的一个段落。在这个段落里，我就敢开始我吃的劳作了。

不过，我还有所顾忌，就是那些食物身上还蕴蓄着不少的“缓冲的酸性”，随时都会发生动摇，而把大好的小肠，又变成了酸溜溜的可能。所以在小肠里，我的菌众仍是不肯长久居留，我仍是不大得意的呵！

蠕动的小肠，依照它在食道上的形势，和它的绒毛的式样，可分为三大段。第一段是十二指肠，全段只有十二个指头并排在一起的那么长，紧接着胃的幽门。第二段是空肠，食物运来了这里，是随到随空的，不是被肠膜所吸收，就是急促地向下推移。第三段是回肠，它的蜿蜒曲折千回百转的路途，急煞了混在食物里面的我，我的行动是受了影响了，而同时食物的大部分珍美的滋养料，也就在这里，都被肠壁的细胞提走了。

我辛辛苦苦地在小肠的道上，一段一段地推进，一步一步地我的胆子壮起来了。不料刚刚走到了环境的酸性全都消失的地方，好吃的东西出乎不意地又都被人体的细胞抢去吃了。我深恨那肠壁四周的细胞。

小肠的曲折，到了盲肠的界口就终止了。盲肠是大肠的起点。在盲肠的小角落里，我发现了一条小小的死巷堂，是一条尾巴似的突出的东西，食物偶尔堕落进去，就不得出来。我也常常占领了它作为攻人的战壕，因此"人山"上就发生了盲肠炎的恐慌。

到了大肠了。大肠是一条没有绒毛的平坦大道，在"人山"的腹部里面绕了一个大弯。已经被小肠榨取去精华的食物，到了这里，只配叫做食渣了。这食渣的运输极其迟缓，愈积愈多，拥挤得几乎透不过气。我伏在这食渣上，顺着大肠的趋势，慢慢儿往上升，慢慢儿横着走，慢慢儿向下降，过了乙状结肠，到了直肠，这是食道上最后的一站，就望见肛门之口，别有一番天地了。

食渣一到了大肠的最后的一段，一切可供为养料的东西，都已被肠膜的细胞和我的菌众洗劫一空了，所剩下的只是我无数万菌众的尸身和不能消化的残余，再染上胆汁之类的彩色，简直只配叫做屎了。屎这不雅的名称，倒有一点写实的意思呀。

多事的科学先生，曾费了一番苦心去研究屎的内容，他们发现了屎的总量的四分之一至三分之一都是尸，尸就是指我而言。据说，我的菌群，从成人的肛门口所逃出的，每天总有 8 克重量的我，真不算少，估计起来，约有 128 000 000 000 000 000 000 之多的菌口。“128”之后，又拖上了 18 个零，这数字是多么惊人。由此可以想见大肠里的情形是如何的热闹了。

然而，在十二指肠的时候，我新从死海里逃生，我的神志，犹昏昏沉沉，我的菌数，殆寥寥无几，这些大肠里异常热闹的菌众，当然是到了大肠之后才繁殖出来的。我的先头部队，只需在每一群中，各选出几位有力的代表，做开路的先锋，以后就可以生生世世坐在肠腔里传子传孙了。

在我的先头部队之中，最先踏进肠口的，是我的一个最可疼的孩子。它是不怕酸的一员健将，它顶顶爱吃的东西就是乳酸。它常混在乳汁里面悄悄地冲进婴儿的食道里来了。在婴儿寂寞的肠腔里，感到孤独的悲哀而呻吟的，就是它。它还有一位性情相近的兄弟，那是从牛奶房里来的，也老早就到“人山”的食道上了。

在婴儿没有断乳以前的肠腔，这两弟兄是出了十足的风头，红极一时的。婴儿一断了乳，四方的菌众都纷纷而至，要求它俩让出地盘。它们一失了势，从此就沉默下去了。

这些后来的菌众之中，最值得注意的，是我的两个最出色的孩子，这两个都是爱吃糖的孩子。它们吃过了糖之后，就会使那糖发酵。发酵是我菌儿特有的技能。为了发酵，不知惹出了多少闲气来，这是后话不提。

这两个孩子，一个就是鼎鼎大名的“大肠杆菌”，看它的名字，就晓得它的来历。它的足迹遍布了天下动物的肚肠，只有鱼儿蛤儿之类冷血动物的肠腔，它似乎住不惯。科学先生曾举它做粪的代表，它在哪儿，哪儿便有沾了粪的嫌疑了。

那一个，也有游历全世界肚肠的经验。它身上是有芽孢的，它的行旅是更顺利了。不过,它有一种怪脾气,好在黑暗没有空气的角落里过日子,有新鲜空气的地方,反而不能生存下去。这是“厌气菌”的特色。肚肠里的环境,恰恰适合了这种奇怪的生活条件了。

我的孩子们有这一种怪脾气的很多,还有一个,也在肚肠里谋生。它很淘气,常害人得“破伤风”的大病,在肠腔里,它却不作怪。你们中国北平工人的肠腔里,就收留了不少它的芽孢。这大概是由于劳苦的工人多和土壤接近吧!我的这个孩子本来伏在土壤里面。尤其是在北平,大风刮起漫天的尘沙,人力车夫张着大口喘息不定地在奔跑,它的机会就来了。

其实,我要攀登“人山”上食道的机会,真多着哪!哪一条食道不是完全公开的呢?我的孩子们,谁有不怕酸的本领,谁能顽强抵抗人体的攻击,谁就能一堑一堑冲进去了。在这“人山”正忙着过年节的当儿,我的菌众就更加活跃了。

我虽这样地占领了食道,占领了人类的肚肠,仍逃不过科学先生灼灼似贼的眼光。有时人们会叫肚子痛,或大吐大泻,于是他们的目光,又都射到我的身上了,又要提我到试验室审问去了。那胡子的门徒又在作法了,号称天堂的肚肠,也不是我的安乐窝了。唉!我真晦气!

肠腔里的会议

崎岖的食道，纷乱的肠腔，
我饱尝了“糖类”和“蛋白质”的滋味。
我看着我的孩子们，一群又一群，
齐来到幽门之内，开了一个盛大的会议，
有的鼓起芽孢，有的舞着鞭毛，
尽情地欢宴，
尽量地欢宴。
天晓得，乐极悲来，好事多磨，
突然伸来科学先生的怪手，
我又被囚入玻璃小塔了，
无情之火烧，毒辣之汁浇，
我的菌众一一都遭难了。
烧就烧，浇就浇，我是始终不屈服！
他的手段高，我的菌众多，我是永远不屈服！
这肠腔里的会议是值得纪念的。
这肠腔里的“菌才”是济济一堂的。

从寂寞婴儿的肠腔，变成热闹成人的肠腔，我的孩子们，先先后后来到此间的一共有八大群，我现在一群一群地来介绍一下吧。

俨然以大肠的主人翁自居的大肠杆菌;酸溜溜从乳峰之口奔下来的乳酸杆菌;以不要现成的氧气为生存条件的厌气杆菌;这三群孩子我在前一章已经提出,这里不再噜苏了。其他的五大群呢?其他的五大群也曾在肠腔里兴旺过一时。

第四群,是链球儿那一房所出的,它的身子是那样圆圆的小球儿似的,有时成串,有时成双,有时单独地出现。科学先生看见它,会吃了一惊,后来知道它在肚子里并不作怪,就给它起了一个绰号,叫做"吃屎链球菌"①。链球菌这三字多么威风!这是承认它是肺港之役曾出过风头的吃血链球菌的小兄弟了。而今乃冠之以屎,是笑它的不中用,只配吃屎了。我这群可怜的孩子,是给科学先生所侮辱了。然而这倒可以反映出它在肠腔里的地位呵!

(笔记先生按:最近国民政府有一位姓朱的大将军,据说因为打补血针的时候不当心,血液中毒,得了败血症而死了。那闯进他的血管里面,屠杀他的血球的凶手,就是那著名的吃血链球菌呀!而那吸血的链球菌,它有时也曾被吞到肚子里去,不过,肚子里的环境是不容许它有什么暴动的,所以在肚子里它反不如它的小兄弟,吃屎链球菌那样的活跃。这在菌儿它是不好意思直说出来的啊。)

第五群,是化腐杆儿那一房所出的,它的小棒儿似的身体,满像大肠杆菌,不过,它有时变为粗短,有时变为细长,因此科学先生称它做"变形杆菌"。它浑身都是鞭毛,因此它的行动极其迅速而活泼。它好在阴沟粪土里盘桓,一切不干净的空气,不漂亮的水,常有它的踪迹。它爱吃的净是些腐肉烂尸及一切腐败的蛋白质,它真是腐体寄生物中的小霸王。它在哪儿发现,哪儿便有臭腐的嫌疑。它闻到了这肠腔里臭味冲天,料到这儿有不少腐烂的蛋白

---

① 即粪链球菌。

质在堆积着,因此它就混在剩余的肉汤菜渣里滚进来了。

在肠腔里,它虽能安静地干它化解腐物的工作,但它所化解出来的东西,往往含有一点儿毒质,而使肠膜的细胞感到不安。科学先生疑它和胃肠炎的案件有关,因此它就屡次被捕了。

如今这案件还在争讼不已,真是我这孩子的不幸。

第六群,是芽孢杆儿那一房所出。也是小棒儿似的样子,它的头上却长出一颗坚实的芽孢。它的性儿很耐,行动飞快。它的地盘也很大,乡村的土壤和城市的空气中,都寻得着它。它爱喝的是咸水,爱吃的是枯草烂叶。它也是有名的腐体寄生物,不过它的寄生多数都是植物的后身,因此科学先生呼它做"枯草杆菌"。它大概是闻知了这肠腔里有青菜萝卜的气味,就紧抱着它的芽孢,而飘来这里借宿了。有那样坚实的芽孢,胃汁很难浸死它,它这一群冲进幽门的着实不少呵。

在新鲜的粪汁里,科学先生常发现一大堆它的芽孢。它又常到试验室里去偷吃玻璃小塔中的食粮,因此试验室里的掌柜们都十分讨厌它。但因为它毕竟是和平柔顺的分子,在大人先生的肚子里并没有闹过乱子,科学先生待它也特别宽容,不常加以逮捕。这真是这吃素的孩子的大幸。

第七群,是螺旋儿那一房所出。它的态度有点不明,而使科学先生狐疑不定。它一被科学先生捉了去,就坚决地绝食以反抗,所以那玻璃小塔里,是很难养活它的。后来还亏东方木屐国有一位什么博士,用活肉活血来请它吃,它的真相乃得以大明。它的像螺丝钉一般的身儿,弯了一弯又一弯,真是在高等动物的温暖而肥美的血肉里娇养惯了,一旦被人家拖出来,才有那样的难养。大概我的孩子们过惯了人体舒适的生活的,都有这样古怪的脾气,而这脾气在螺旋儿这一群,是显得格外厉害的了。

虽然,我这螺旋儿,有时候因为寻不着适当的人体公寓,暂在昆虫小客栈里借宿,以昆虫为中间宿主。在形态上,在性格上本来已经有"原动物"的嫌疑的它,更有什么中间宿主这秘密的勾当,益发使科学先生不肯相信它是我菌儿的后裔了。于是就有人居间调停了,叫它做"螺旋体",说它是生物界的中立派,跨在动植物两界之间吧。这些都是科学先生的事,我何必去管。

我只晓得,它和我的其他各群的孩子们过从很密。在口腔里,在牙龈上,在舌底下,我们都时常会见过。在肠腔里,我们也都在一块儿住,一块儿吃,它也服服帖帖的并不出奇生事。要等它溜进血川血河里,这才大显其身手,它原是血水的强盗。

第八群,是酵儿和霉儿。它们并不是我自己的孩子,而是我的大房二房兄弟所出的,算起来还是我的侄儿哩。它们都是制酒发酵的专家。不过它们也时常到人类肚子里来游历,所以在这肠腔里集会的时候,它也列席了。

那酵儿在我族里算是较大的个子,它那像小山芋似的胖胖的身儿是很容易认得的。它的老家是土壤,它常伏在马蜂、蜜蜂之类的昆虫的脚下飞游,有时被这些昆虫带到了葡萄之类的果皮上。它就在那儿繁殖起来,那葡萄就会变酸了,它也就是从这酸葡萄酸茶之类的食物滚进"人山"的口洞里来了。酒桶里没有它,酒就造不成,这在中国的古人早就知道了,不过看不出它是活生生的生物罢了。它的种类也很多,所造出来的酒也各不相同。法国的酒商曾为这事情闹到了胡子科学先生的面前。

那霉儿,它的身子像游丝似的,几个十几个细胞连在一起。它是无所不吃的生物,它的生殖力又极强,气候的寒热干湿它都能忍耐过去,尤其是在四五月之间毛毛雨的天气里,它最盛行了。因此它的地盘之大,我们的菌众都比不上它。它有强烈的酵素,它所到的地方,一切有机体的内部都会起变化,人类的衣服、家具、食品等等的东西是给它毁损了。然而它的发酵作用并不完全有害,人类有许多工业都靠着它来维持哩。

关于这两群孩子的事实还很多,将来也要请笔记先生替它立传,我这里不过附带声明一声罢了。

以上所说的八大群的菌众,先后都赶到大肠里集会了。

乳酸杆儿是吃糖产酸那一房的代表。

大肠杆儿是在肠子里淘气的那一房的代表。

厌气杆儿[①]是讨厌氧气那一房的代表。

吃屎链球儿是球族那一房的代表。

变形杆儿是吃死肉那一房的代表。

芽孢杆儿是吃枯草烂叶那一房的代表。

螺旋儿是螺旋那一房的代表。

酵儿和霉儿是发酵造酒那二房的代表。

这八群虽然不足以代表大肠的全体菌众,但是它们是大肠里最活跃最显著最有势力的分子了。

在以前几章的自传里,我并没有谈到我自己的形态,在本章里我也只略略地提出。那是因为你们没有福气看到显微镜的大众,总没有机会会见我,我就是描写得非常精细,你们的脑袋里也不会得到深刻的印象呵。在这里,你们只须记得我的三种外表的轮廓就得了:就是球形、杆形和螺旋形三种呵。

还有芽孢、荚膜、鞭毛也是我身上的特点,这里我也不必详细去谈它。

然而,我认为你们应当格外注意的,就是我在大肠里面是怎样的吃法。这是和你们的身体很有利害的关系呵。

我这八群的孩子,它们的食癖,总说起来可分为两大党派:一派是吃糖,糖就是碳水化合物的代表;一派是吃肉,肉是蛋白质的

---

① 厌气杆儿也即厌氧杆菌。

代表。

它们吃了糖就会使那糖发酵变酸。

它们吃了肉就会使那肉化腐变臭。

这酸与臭就是我的生理化学上的两大作用呀。

然而大肠里蛋白质与碳水化合物的分布是极不平均的。和尚尼姑的大肠里大约是糖多,阔佬富翁的大肠里大约是肉多。

糖多,我的爱吃糖的孩子们,如乳酸杆儿之群,就可以勃兴了。

肉多,我的爱吃肉的孩子们,如变形杆儿之群,就可以繁盛了。

乳酸杆儿勃兴的时候,是对你们大人先生的健康有益的,因为它吃了糖就会产出大量的酸。

在酸汁浸润的肠腔里,吃肉的菌众是永远不会得志的,而且就是我那一群淘气的野孩子们,偶尔闯进来,也会立刻被酸所扫灭了。所以在乳酸杆儿极度繁荣的肠腔里,“人山”上是不会发生伤寒病之类的乱子。所以今天的科学医生常利用它来治疗伤寒。

伤寒的确是你们的极可怕的一种肠胃的传染病,是我的一群凶恶的野孩子在作祟。这野孩子就是大肠杆儿那一房所出的。在烂鱼烂肉那些腐败的蛋白质的环境里,它就极容易发作起来了。害人得痢疾的野孩子也是这一房所出的。害人得急性胃肠病的也是这一房所出的。它们都希望有大量的肉渣鱼屑,从胃的幽门运进来。还有霍乱那极淘气的孩子,也是这样的脾气。霍乱、痢疾、伤寒这三个难兄难弟和你们中国人是很有来往的,我不高兴去多谈它了。

就是这些野孩子不在肠腔里的时候,如果肠腔里的蛋白质堆积得过多,别的菌众也会因吃得过火,而使那些蛋白质化解成为毒质。

专会化解蛋白质成为毒质的,要算是著名的腊肠毒杆儿了,这杆儿是我的厌气那一房孩子所出的。这些厌气的孩子们,身上也都带着坚实的芽孢,既不怕热力的攻击,又不怕酸汁的浸润,很容易地就给它溜进肠腔里来了。

那八大群的菌众是肠腔会议中经常出席的,这些淘气的野孩子们是偶尔进来列席旁听的。我们所讨论的议案是什么?那是要严守秘密的呵!

不幸这些秘密都被胡子科学先生的徒子徒孙们一点一点地查出来了。

于是这八大群的孩子们,淘气的野孩子们以及其他的菌众一个个都郎当郎当地入狱,被拘留在玻璃小塔里面了。

这在科学先生是要研究出对付我们的圆满的办法呵。

清除腐物

真想不到，我现在竟在这里，受试验室的活罪。

科学的刑具架在我的身上，

显微镜的怪光照得我浑身通亮；

蒸锅里的热气烫得我发昏，

毒辣的药汁使我的细胞起了溃伤；

亮晶晶的玻璃小塔里虽有新鲜的食粮，

那终究要变成我生命的屠宰场。

从冰箱到暖室，从暖室又被送进冰箱，

三天一审，五天一问，

侦查出我在外界怎样地活动，

揭发了我在人间行凶的真相。

于是科学先生指天画地地公布我的罪状，

口口声声大骂我这微生物太荒唐，

自私的人类，都在诅咒我的灭亡，

一提起我的怪名，

他们不是怨天，就是“尤人”（这人是指我）！

怨天就是说：“天既生人，为什么又生出这鬼鬼祟祟的细菌，暗地里在谋害人命？”

“尤人”的就说:“细菌这可恶的小东西,和我们势不两立,恨不得将天下的细菌一网打尽!”

这些近视眼的科学先生,和盲目的人类大众,都以为我的生存是专跟他们作对似的,其实我哪里有这等疯狂?

他们抽出片断的事实,抹杀了我全部的本相。

我真有冤难申,我微弱的呼声打不进大人先生的耳门。

现在亏了有这位笔记先生,自愿替我立传,我乃得向全世界的人民将我的苦衷宣扬。

我菌儿真的和人类势不两立吗?这一问未免使我的小胞心有点辛酸!

天哪!我哪里有这样的狠心肠,人类对我竟生出这样严重的恶感。

在生存竞争的过程中,谁个生物没有越轨的举动?人类不也在宰鸡杀羊,折花砍木,残杀了无数动物的生命,伤害了无数植物的健康。而今那些传染病暴发的事件,也不过是我那一群号称“毒菌”的野孩子们,偶尔为着争食而突起的暴动罢了。

正和人群中之有帝国主义者,兽群中之有猛虎毒蛇,我菌群中也有了这狠毒的病菌。它们都是横暴的侵略者,残酷的杀戮者,阴险的集体安全的破坏者,真是丢尽了生物界的面子,闹得地球不太平!

我那一群野孩子们粗暴的行为虽时常使人类陷入深沉的苦痛,这究竟是我族中少数不良分子的丑行败坏了我的名声。老实说这并不是我完全的罪过呵!我菌众并不都是这么凶呀!

我那长年流落的生活,踏遍了现世界一切污浊的地方,在臭秽中求生存,在潮湿处传子孙,与卑贱下流的东西为伍,忍受着那冬天的冰雪,被困于那燥热的太阳,无非是要执行我在宇宙间的神圣职务。

我本是土壤里的劳动者,大地上的清道夫,我除污秽,解固体,变废物为有用。

有人说:我也就是废物的一分子,那真是他的大错,他对于事实的蒙昧了。

我飞来飘去,虽常和腐肉烂尸枯草朽木之类混居杂处,但我并不同流合污,不做废物的傀儡,而是它们的主宰,我是负有清除它们的使命呵!

喂!自命不凡的人类呵!不要藐视了我这低级的使命吧!这世界是集体经营的世界!不是上帝或任何独裁者所能一手包办的!地球的繁荣是靠着我们全体生物界的努力!我们无贵无贱的都要共同合作的呵!

在生物界的分工合作中,我菌儿微弱的单细胞所尽的薄力,虽只有看不见的一点一滴,然而我集合无限量的菌众,挥起伟大的团结力量,也能移山倒海,也能呼风唤雨呀!

我移的是土壤之山,
我倒的是废物之海,
我呼的是酵素之风,
我唤的是氮气之雨。

我悄悄地伏在土壤里工作,已经历过数不清的年头了。我化解了废物,充实了土壤的内容,植物不断地向它榨取原料,而它仍能源源地供给不竭,这还不是我的功绩吗?

我怎样地化解废物呢?

我有发酵的本领,我有分解蛋白质的技能,我又有溶解脂肪的特长呵。

在自然界的演变途中,旧的不断地在毁灭,新的不断地从毁灭的余烬中诞生。我的命运也是这样。我的细胞不断地在毁灭与产

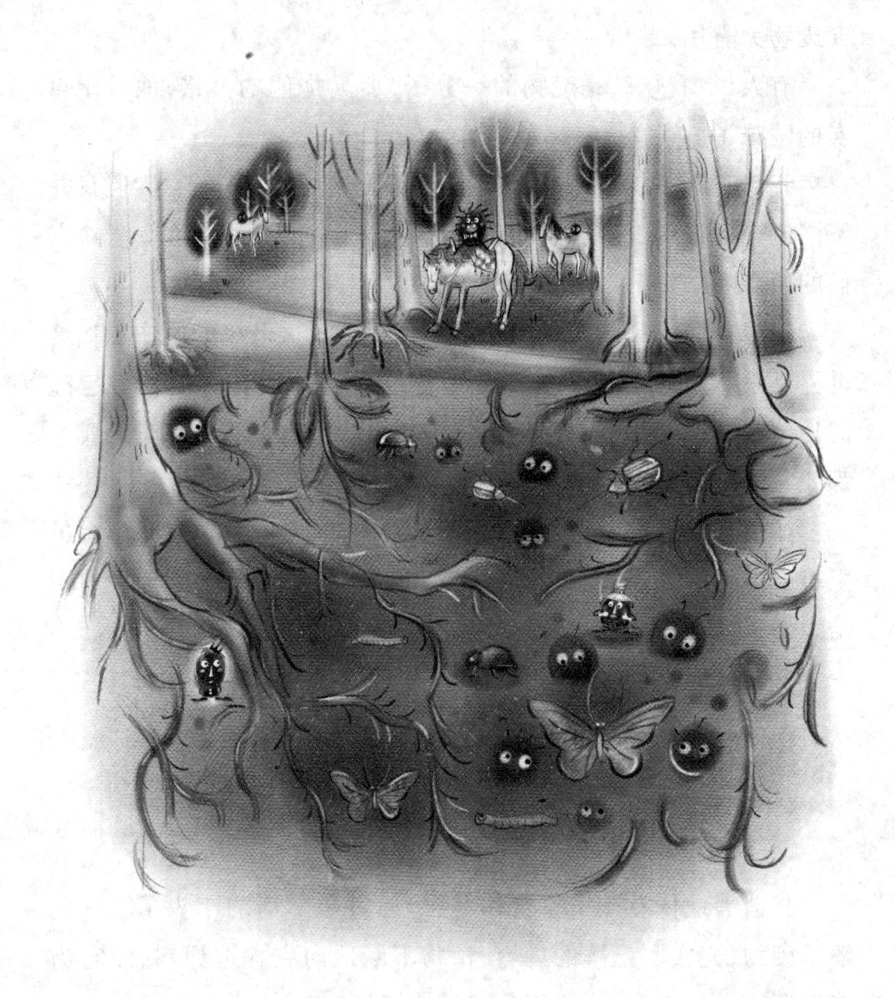

生，我是需要向环境采取原料的。这些原料大都是别人家细胞的尸体。人家的细胞虽死，它内容的滋养成分不灭，我深明这一点。但我不能将那死气沉沉的内容，不折不扣地照原样全盘收纳进去。我必须将它的顽固的内容拆散，像拆散一座破旧的高楼，用那残砖断瓦，破栋旧梁，重新改建好几所平房似的。

因此，我在自然界里面，有一大部分的职务，便是整天整夜地坐在生物的尸身上，干那拆散旧细胞的工作。虽然有时我的孩子们因吃得过火，连那附近的活生生的细胞都侵犯了。这是它们的唐突。这也许就是我菌儿所以开罪于人类的原因吧！

那些已死去的生物的细胞，多少总还含点蛋白质、糖类、脂肪、水、无机盐和活力素等六种成分吧。这六种成分，我的小小而孤单的细胞里面，也都需要着，一种也不能缺少。

这六种中间，以水和活力素最容易消失，也最容易吸收，其次就是无机盐，它的分量本来就不多，也不难穿过我的细胞膜。只有那些结构复杂而又坚实的蛋白质、糖类和脂肪等，我才费尽了力气，将它们一点一点地软化下去，一丝一丝地分解出来，变成了简单的物体，然后才能引渡它们过来，作为我新细胞建设与发展的材料了。

是蛋白质吧，它的名目很多，性质各异，我就统统要使它一步一步地返本归元，最后都化成了氨、一氧化氮、硝酸盐、氮、硫化氢、甲烷，乃至于二氧化碳及水，如此之类最简单的化学品了。

这种工作，有个专门名词，叫做“化腐作用”，把已经没有生命的腐败的蛋白质，化解走了。这时候往往有一阵怪难闻的气味，冲进旁观的人的鼻孔里去。

于是那旁观的人就说：“这东西臭了，坏了！”

那正是我化解腐物的工作最有成绩的当儿呵！担任这种工作的主角，都是我那一群“厌气”的孩子们。它们无须氧的帮忙，就在黑暗潮湿的角落里，腐物堆积的地方，大肆活动起来！

是糖类吧，它的式样也有种种，结构也各不同，从生硬的纤维素、顽固的淀粉到较为轻松的乳糖、葡萄糖之类，我也得按班就序地逐渐把它们解放了，变成了酪酸、乳酸、醋酸、蚁酸、二氧化碳及水之类的起码货色了。

是脂肪吧，我就得把它化成甘油和脂酸之类的初级分子了。

蛋白质、糖类和脂肪，这许多复杂的有机物，都是以碳为中心。碳在这里实在是各种化学元素大团结的枢纽。我现在要打散这个大团结，使各元素从碳的连锁中解放出来，重新组织适合于我细胞所需要的小型有机物，这种分解的工作，能使地球上一切腐败的东西，都现出原形，归还了土壤，使土壤的原料无缺。

我生生世世、子子孙孙都在这方面不断努力着，我所得的酬劳，也只是延续了我种我族的生命而已。而今，我的野孩子们不幸有越轨的举动，竟招惹人类永久的仇恨！我真抱憾无穷了。

然而有人又要非难我了，说："腐物的化解，也许是'氧化'作用吧！你这小东西连一粒灰尘都抬不起，有什么能力，用什么工具，竟敢冒称这大地上清除腐物的成绩都是你的功劳呢？"这问题19世纪的科学先生，曾闹过一番热烈的论战。

在这里最能了解我的，还是那我素来所憎恨的胡子先生。他花了许多年的工夫，埋头苦干地在实验，结果他完全证实了发酵和化腐的过程，并不是什么氧化作用。没有我这一群微生物在活动，发酵是永远发不成功的呵！

我有什么特殊的能力呢？

我的细胞里面有一件微妙的法宝。

这法宝，科学先生叫它做"酵素"，中文的译名有时又叫做"酶"，大约这东西总有点酒或醋的气息吧！

这法宝，研究生理化学的人，早就知道它的存在了。可惜他们只看出它的活动的影响,看不清它的内容结构,我的纯粹酵素人们始终不能把它分离出来。因此多疑的科学先生又说它有两种了:一种是有生机的酵素,一种是无生机的酵素。

那无生机的酵素,是指蛋白酵、淀粉酵之类那些高等动植物身上所有的分泌物。它们无须活细胞在旁监视,也能促进化解腐物的工作。因此科学先生就认为它们是没有生机的酵素了。

那有生机的酵素,就是指我的细胞里面所存的这微妙的法宝。在酒桶里,在醋瓮里,在腌菜的锅子里,胡子的门徒们观察了我的工作成绩,以为这是我的新陈代谢的作用,以为我这发酵的功能是我细胞全部活动的结果,因而以为我菌儿的本身就是一种有生机的酵素了。

我在生理化学的试验室里听到了这些理论,心里怪难受的。

酵素就是酵素,有什么有生的和无生的可分呢。我的酵素也可以从我的细胞内部榨取出来,那榨取出来的东西,和其他动植物体内的酵素原是一类的东西。是酵素总是细胞的产物吧。

虽是细胞的产物,它却都能离开细胞而自由活动。它的行为有点像化学界的媒婆,它的光顾能促成各种化学分子加速度的结合或分离,而它自己的内容并不起什么变化。

在化学反应的过程中,这酵素永远是站在第三者的地位,保持着自己的本来面目。然而它却不守中立,没有它的参加,化学物质各分子间的关系,不会那样的紧张,不会引起很快的突变,它算是有激动化学的变化之功了。

没有酵素在活动,全生物界的进展就要停滞了。尤其是苦了我!它是我随身的法宝。失去它,我的一切工作都不能进行了。

虽然,我也只觉着它有这神妙的作用罢了。我有了它,就像人类有了双手和大脑,任何艰苦的生活,都可以积极地去克服。有了它,蛋白质碰到我就要松,糖类碰到我就要分散,脂肪碰到我就要溶解,都成为很简单的化学品了。有了它,我又能将这些简单的化学品综合起来,成为我自己的胞浆,完成了我新陈代谢的工作,实践了我清除腐物的使命。

这样一说,酵素这法宝真是神通广大了。它的内容结构究竟是怎样呢?这问题,真使科学先生煞费苦心了。

有的说:酵素的本身就是一种蛋白质。

有的说:这是所提取的酵素不纯净,它的身体是被蛋白质所玷污了,它才有蛋白质的嫌疑呀!

又有的说:酵素是一个活动体,拖着一只胶性的尾巴,由于那胶性尾巴的勾结,那活动体才得以发挥它固有的力量呵!

还有的说:酵素的活动是一种电的作用。譬如我吧,我之所以能化解腐物,是由于以我的细胞为中心的"电场",激动了那腐物基质中的各化学分子,使它们阴阳颠倒,使它们内部的结构发生变动了。

这真是越说越玄妙了!

本来,清除腐物是一个浩大无比的工程。腐物是五光十色无所不包,因而酵素的性质也就复杂而繁多了。每一种蛋白质,每一种糖类,每一种脂肪,甚而至于每一种有机物,都需要特殊的酵素来分解。属于水解作用的,有水解的酵素;属于氧化作用的,有氧化的酵素;属于复位作用的,有复位的酵素。举也举不尽了。这些错综复杂的酵素,自然不是我那一颗孤单的细胞所能兼收并蓄的。这清除腐物的责任,更非我全体菌众团结一致地担负起来不可!

酵素的能力虽大,它的活动却也受了环境的限制。环境中有种种势力都足以阻挠它的工作,甚至于破坏它的完整。

环境的温度就是一种主要的势力。在低温度里,它的工作甚为迟缓,温度一高过70℃,它就很快地感受到威胁而停顿了。由35℃到50℃之间,是它最活跃的时候。虽然,我有一种分解蛋白质的酵素，能短期地经过沸点热力的攻击而不灭，那是酵素中最顽强的一员了。

此外，我的酵素，也怕阳光的照耀，尤其怕阳光中的紫外线，也怕电流的振荡，也怕强酸的浸润，也怕汞、镍、钴、锌、银、金之类的重金属的盐的侵害，也怕……

我这不厌其详地叙述酵素的情形，因为它是生物界一大特色，是消化与抵抗作用的武器，是细胞生命的靠山，尤其是我清除腐物的巧妙的工具。

我的一呼一吸一吞一吐，
都靠着那在活动的酵毒，
那永远不可磨灭的酵素。
然而，在人类的眼中，它又有反动的嫌疑了。
那溶化病人的血球的溶血素，不也是一种酵素吗？
那麻木人类神经的毒素，不也是酵素的产物吗？
这固然是酵素的变相，我那一群野孩子是吃得过火，
请莫过于仇恨我，这不是我全体的罪过。
您不见我清除腐物的成绩吗？
我还有变更土壤的功业呢！
这地球的繁荣还少不了我，
我的灭绝将带给全生物界以难言的苦恼，
是绝望的苦恼！

土壤革命

土壤,广大的土壤,是我的祖国,是我的家乡,
我从不知道时候的时候起,就把生命隐藏在它的怀中,
我在那儿繁殖,我在那儿不停地工作,
那儿有我永久吃不尽的食粮。
有时我吃完了人兽的尸肉,就伴着那残余的枯骨长眠;
有时我沾湿了农夫的血汗,就舞起鞭毛在地面上游行。
在神农氏没有教老百姓耕种的时候,
我就已经伏在土中制造植物的食料。
有我在,荒芜的土地可变成富饶的田园;
失去我,满地的绿意,一转眼,都要满目凄凉。
蒙古的沙漠,一片枯黄,
就为了那儿,我没有立足的地方。
在有内容的泥土里,我不曾虚度一刻的时辰,
都为着植物的繁荣,为着自然界的复兴。
有时我随着沙尘而飞扬,叹身世的飘零;
有时我踏着落叶,乘着雨点而下沉;
有时我从肚肠溜出,混在粪中,颠沛流离;
经过曲曲折折的路途,也都回到土壤会齐。

我在地球上虽是行踪无定，

我在土壤里却负有变更土壤的使命。

变更土壤就是一种革命的工作，

是破坏和建设兼程并进的工作。

这革命的主力虽是我的活动，

也还有不少其他杂色的党员。

土壤，广大的土壤，原是微生物的王国，

并且，是微生物的联邦。

有小动物之邦，有小植物之邦。

在小动物之邦里，有我所痛恨的原虫，有我所讨厌的线虫，有我所望而生畏的昆虫。

在小植物之邦里，有我所不敢高攀的苔藓，有我所引为同志的酵霉，有我所情投意合的放线菌。

这些形形色色的分子，有些是反动，有些是前进。

看哪！那原虫，我在“人山”上旅行的时候，已经屡次碰见过了。在肚肠里，酿成一种痢疾的祸变的，不是变形虫的家属吗？在血液里，闹出黑热病的乱子的，不是鞭毛虫的亲族吗？变形虫和鞭毛虫都是顶凶顶狠毒的原虫。它们和我的那一群不安分的野孩子的胡闹，似乎是连成一气的。

它们不但在谋害高贵的人命，连我微弱的胞体也要欺凌。我正在土壤里工作的时候，老远就望见它们了。那耀武扬威的伪足，那神气十足的粗毛，汹汹然而来，好不威风。只恨我，受了环境的限制，行动不自由，尽力爬了二十四小时，爬不到一英寸[①]，哪里回避得及，就遭它们的毒手了。

这些可恶的原虫儿们所盘伏的地层，也就是我所盘伏的地层。

---

① 1英寸等于2.54厘米。

在每一克重的土块里，它们的群众，有时多至一百万以上，少的也有好几百，其中以鞭毛虫最占多数。它们的存在，给我族的生命以莫大的威胁。它们真是我的死对头。

看哪！那线虫，也是一种阴险而凶恶的虫族，其中以吸血的钩虫为尤凶。它借土壤的潜伏所，不时向人类进攻。中国的农民受它的残害者，真不知有多少。它真是田间的大患。这本与我无干，我在这里提一声，免得你们又来错怪我土壤里的孩子们呵。

看哪！那昆虫，如蚯蚓、蚂蚁之徒，是土壤联邦显要的居民。它们的块头颇大，面目狰狞，有些可怕，钻来钻去，骚扰地方，又有些讨厌。不过，它们所走过的区域，土壤为之松软，倒使我的工作顺利。我又有时吃腻了大动物的血肉，常拿它们的尸体来换换口味，也可以解解土中生活的闷气。

这些土壤里的小动物们的举动，在我们土壤革命者的眼中，要算是落后，而且有些反动的嫌疑。

土壤里小植物之邦的公民，就比较地前进多了。

虽然那苔藓之群，它们的群众密布在土壤的上层，它们有娇滴滴的胞体，绿油油的色素，能直接吸收太阳的光力，制造自己的食粮。然而它们对于土壤的革命，有什么贡献呢？恐怕也只是一种太平的点缀品，是土壤肥沃的表征吧。它们可以说是土壤国的哥儿小姐，过着闲适的生活了。

土壤里真正的劳动者，算起来都是我的同宗。酵儿和霉儿就是那里面很活跃的两群。

酵儿在普通的土壤里还不多见，但在酸性的土壤里，在果园里，在葡萄园里，我常遇着它们。没有它们的工作，已经抛弃在地上的果皮花叶，一切果树的残余，怎么会化除完尽呢？

霉儿能过着极简单的生活，在各样各式的土壤里我都遇到它。它这一房所出的角色真不算少：最常见的，有头状菌，有根足菌，有曲菌，有笔头菌，有念珠状菌，这些怪名都是描写它们的形态。它们在土中，能分解蛋白质为氨，能拆散极坚固的纤维素。酸性的土壤，是我所不乐居的，它们居然也能在那儿蔓延，真是做到我所不能做的革命工作了。

和我的生活更接近的，要算是放线菌那族了。它们那柳丝似的胞体，一条条分枝，一枝枝散开。它们的祖先什么时候和我菌儿分家，变成现在的样子，如今是渺渺茫茫无从查考了。但在土壤里，它仍同我在一起过活，然而它的生存条件，似乎比我严格点，土壤深到了30英寸，它就渐渐无生望，终至于绝迹了。它在土壤最大的任务，是专分解纤维素的，它似乎又有推动氧化其他有机物之功哩。

最后，我该谈到我自己了，我在土壤联邦里，虽是个子最小，年纪最轻，而我的种类却最繁，菌众却最多，革命的力量也最伟大。

我的菌众，差不多每一房每一系，都是在土壤里起家。所以在那儿，还有不少球儿、杆儿、螺儿的后代；也有不少硝菌、硫菌、铁菌的遗族。真是济济一堂。

我的菌众估计起来，每一克重的土块，竟有300万至2亿之多。虽然，这也要看入土的深浅，离开地面2英寸至9英寸之深，我的菌数最多。以后入土越深，我也就越稀少了。深过了4英尺[①]，我也要绝迹。然而，在质地轻松的土壤里，我可以长驱直入达到10英尺以内，还有我的部队在垦殖哩。

有这么多的菌群，在那么大那么深的土壤盘踞着，繁殖着，无怪乎我声势的浩大，群力的雄厚，我的微生物同辈都赶不上了。

我们这一大群一大群土壤联邦的公民，大多数都是革命的工作者。

---

① 1英尺等于0.3048米。

土壤革命的工作,需要彻底的破坏也需要基本的建设,因而我们这些公民,又可分为两大派别。

第一派是营养自给派,是建设者之群。它们靠着自身的本事,有的能将无机的元素,如硫、氢之类,有的能将无机的化合物,如氨、二氧化氮、硫化氢之类,有的能将简单的碳化物,如一氧化碳、甲烷之类,都氧化起来,变成植物大众的食粮;又有的能直接吸收空气中的二氧化碳,以补充自己的内容。

在建设工作进行中,这派所用的技术又分两种。有的用化学综合的技术,如硝菌、硫菌、氢菌、甲烷菌、铁菌等,我的这些出色的孩子们,就是这样一群的技术能手。看它们的名称就可知道它们的行动了。

有的用光学综合的技术,那满身都是叶绿素的苔藓,就是这一类的技术能手。

然而,没有破坏者之群做它们的前驱,预备好土中的原料,它们也有绝食之忧呵。

第二派是营养他给派,那就是土壤的破坏者之群了。它们没有直接利用无机物的本领,只好将别人家现成的有机物,慢慢地侵蚀,慢慢地分解,变成了简单的食粮,一部分饱了自己的细胞,其余的都送还土壤了。

然而有时它们的破坏工作是有些过激了,连那活生生的细胞也要加害,这事情就弄糟了。生物界的纠纷,都是由此而兴,而互相残杀的惨变迭出不穷了。我所痛恨的原虫就是这样残酷的一群。

至于我菌儿,虽也是这一派的中坚分子,但我和我的同志们(指酵儿、霉儿及放线菌等),所干的破坏工作,是有意识的破坏,是化解死物的破坏,是纯粹为了土壤的革命而破坏。

土壤的革命日夜不停地在酝酿着,我们的工作也一刻没有休息过。然而这浩大无比的工程,是需要全体土壤公民的分工合作的。破坏了而又建设,建设了而又破坏,究竟是谁先谁后,如今是千头万绪,分也分不清了。

总之,没有营养他给派的破坏,营养自给派也无从建设;没有营养自给派的建设,营养他给派也无所破坏。这两派里,都有我的菌众参加,我在生物界地位的重要是绝对不可抹杀的事实。而今近视眼的科学先生和盲目的人类大众,若只因一时的气愤,为了我的那些少数不良分子的蛮动,而诅咒我的灭亡,那真是冤屈了我在土壤里的苦心经营。

经济关系

我正伏在土壤里面，日夜不停地在做工，忽然望见一片乌云，遮满了中国古城的天空。顷刻间，暴风狂雨大作，冲来了一阵火药的气味，几乎使我的细胞窒息。我鼓起鞭毛东张西望，但见平津一带炮火连天，尸血满地！

这又将加重了我清除腐物烂尸的负担了。

这人类的自相残杀，本与我无干，何必我多嘴。

然而不幸战事倘若延长下去，就有这样黑心眼的人要想利用细菌战了。这几年来，细菌战的声浪，不是也随着大战的呼声而高扬吗？

奇异而又不足奇异的是细菌战。那是说，他们要请出我那一群蛮狠凶顽的野孩子，人们所痛恨的病菌，来助战了，使我菌儿也卷入战争的旋涡了。这如何不引起我的特别注意呀！

本来，我的野孩子们平日都在和人作战。战争一发，更造成了它们攻人的机会。它们自然就会闻风赶到了。

我想到这里，不禁打了一个寒噤，我的荚膜和鞭毛都战战栗栗抖动起来了。

将来战事一旦结束，人类触目伤心，能不怪我的无情吗？在平时，我本有传染病的罪名，在战时，我又加上帮凶的暴行呀！他们要更加痛恨我了。

呵呵！我的这些孩子们，真是害群之马，由于它们的猖獗，使人类大众莫不谈“菌”色变，使许多人犹认为“细菌”二字是多么不祥而可怕的名词。这真是我菌儿的大耻呵。

老实说，我的大部分菌众，不像资本家，靠着榨取而生存；不像帝国主义者，靠着侵略而生存；不像病菌，靠着传染病而生存。我的大部分菌众都是善良的细菌，生物界最忠实的劳动者，靠着自身劳动所得而生存。

我在土壤革命的过程中，经常地担任了几部门最重要的工作。这在前章已经述过了。

在土壤里，我不但会分解腐物以充实土壤的内容，我还会直接和豆科之类的植物合作哩。

在豆根的尖头，我轻轻地爬上它弯弯的根须，我爬进了豆根的内质，飞快地繁殖起来，由内层复蔓延到外层，使豆根肿胀了，长出一粒一粒的瘤子。这就是“豆根瘤”的现象。

这样地，我和豆根的细胞，取得密切联络，实行同居了。隐藏在豆根瘤里面的我的菌众，都是技术能手。它们都会吸收空气中的氮，把它变成了硝酸盐，送给豆细胞，作为营养的礼物，而同时也接收了豆细胞送给它们的赠品，大量的糖类。

这真是生物界共存共荣的好榜样，一丝儿也没有侵略者的虚伪的气息。

种植豆科植物，可以增进土壤的肥沃，这在中国古代的农民，老早就知道了。可惜几千年以来，吃豆的人们，始终没有看见过我的活动呀。

直到1888那年，有一位荷兰国的科学先生出来，仗义执言，由于他研究的结果，这才把我在土壤里的这个特殊功绩，表扬了一下。

这是在农业经济上，我对于人类的贡献。

在工业方面，我和人类发生了更密切的经济关系。

人类的工业，最重要的莫过于衣食二项，在这衣食二项，我却都尽了最大的努力，努力生产。

我原是自然界最伟大的生产力。

宇宙是我的地基，地球是我的厂屋，酵素是我唯一神妙的机器。一切无机和有机的物体都是我的好原料。

我的菌众都在共同劳动，共同生产，所造成的东西，也都涓滴归公，成为生物界的共有物了。

不料，野心的人类，却想独占，将我的生产集中，据为私有。

在显微镜没有发明以前的时代，他们虽没有知道我的存在，却早已发现了我的劳动果实。他们凭着暗中摸索所得的经验，也知道了在人工的环境里面，安排好了必需的原料，也就能产出我的劳动果实来了。

这在当初他们就认为是自然而然的事。到了化学昌明时代，又认为这是化学变化的事。谁也想不到这乃是微生物的事呀！

他们所采选的原料，也就是我的天然食料，我的菌众老早就预伏在那里面了。并且在人工的环境都适合了我生存的条件时，我也飘飘然地不请自来了。

我不声不响地在那儿工作着，造成了大量的生产品。他们却以为是他们自己的创造与发明。

于是传之子孙，守为家传秘法。我的劳动果实，居然被这些无耻的商人，占为专利品了。

从酒说起吧，酒就是我的劳动果实之一。我的亲属们多数都有造酒的天才，尤其是酵儿和霉儿那两房。米麦之类的糖类，各样各式的糖和水果，一经它们的光顾，就都带点酒味了。不过，有的酒味之中，还带点酸，带点苦，或带点臭。这显然地表示，在自然界中,有不少的杂色的劳动分子,在参加酒的生产呀!这些造酒的小技师们,各有不同的个性,不同的酵素,它们所受用的原料,又多不同,因而天下的酒,那气味的复杂,也就很可观了。

这是酒在自然界中的现象。

天晓得,传说中,是在大禹时代吧,就有了这么一位聪明的古人,叫做“仪狄”的,偶尔尝到了一种似乎是酒的味道,觉着香甜可口,就想出法子,自己动手来造了,从此中国人就都有了酒喝。

西方的国家,也有他们造酒的故事。

于是,什么葡萄酒呀、啤酒呀、白兰地呀,连同绍兴老酒、五加皮等都算在一起,酒的花样真是越来越多了。

酒也是随着生产手段的变化而变化的吧!然而在这生产手段中,我却不能缺席。

在自然界,酒是我的手工业,我的自由职业,我是造酒的生产力。

在人类的掌握中,酒是我的强迫职务,我成为造酒的奴隶,造酒的机器了。

奇异而又不足奇异的是,人类造酒的历史已经有几千年了。他们也从不知道有我在活动。

这黑幕终于是揭穿了,那又是胡子科学先生的功业。他在显微镜上早已侦察好我的行踪了。

有一回,他特制了几十瓶精美的糖汁果液,大开玻璃小塔之门,招请我入内欢宴,结果我所亲到过的地方,一瓶一瓶都有了酒意了。

于是他就点头微笑地说:

“乖乖,微生物这小子果然好本领,发酵的工程,都是由它一手包办成功的呀!”

这句话还没有冷,他就被法国的酒商请去,看看他们的酒桶里出了什么毛病,这么好好的酒,全变成酸溜溜的了。

胡子先生细细地视察了一番,就作了一篇书面的报告。大意是说:

“纯净的酒,应该请纯净的酿母菌来制造。酒桶的监督要严密,不可放乳酸杆菌或其他不相干的细菌混进去捣乱。

“乳酸杆菌是制造乳酸的专家,绝不是造酒的角色。你们的酒桶就是这样地给它弄得一塌糊涂了,这是你们这次造酒失败的大原因……用非其才。”

他所说的酿母菌,指的就是我那酵儿。

我那酵儿,小山芋似的身子,直径不到 5 微米(微米是千分之一毫米),体重只有 0.000 009 817 5 毫克。然而算起来,它还是吾族里的大胖子。

然而胡子先生只知其一,不知其二。那大胖子并不是发酵唯一的能手,吾族中还有长瘦子,也会造出顶甜美的酒。这长瘦子便是指我的霉儿。

它身着有色的胞衣,平时都爱在潮湿的空气中游荡,到处偷吃食品,捣毁物件,是破坏者的身份,又怎么知道它也会生产,也会和人类发生经济关系呢?

这就要去问台湾人了。

原来霉儿那一房所出的子孙很多很复杂。有一个孩子,叫做“黑曲菌”的,不知怎的竟被台湾人拉去参加制酒的劳动了。现今的台湾酒,大半都是由它所造成的。

这一房里,还有一个孩子,叫做“黄绿色曲菌”的,也曾被中国、日本和南洋群岛等处的酒商,聘去做发酵的工程师。不过它所担任的,是初步的工作,是从淀粉变成糖的工作。由糖再变成酒的工作,他们又另请酵儿去担任了。

我的菌众当中,有发酵本领的,当然不止这几个,有许多还等着科学先生去访问呢。这里恕我不一一介绍了。

酒固然是发酵工业中的主要的生产品，但甘油在这战争的时代，也要大出风头了。

甘油，它原是制造炸药的原料。请一请酵儿去吃碱性的糖汁，尤其是在那汁里掺进了 40%的亚硫酸钠，它痛饮一番之后，就会造成大量的甘油和酒来了。

不过，还有面包。西洋的面包等于中国的馒头包子，都是大众的粮食。它们也须经过一番发酵的手续。它们还不也是我的劳动果实吗？

可怜我那有功无罪的酵儿们，在面包制成的当儿就被人们用不断高升的热力所蒸杀了。这在面包店的主人，是要一方面提防酵儿吃得过火，一方面又担心野菌的侵入，所以率性先下手为强，以保护面包领土的完整。

有时面包热得并不透心，这时候我的野孩子里面有个叫做"马铃薯杆菌"的，它的芽孢早已从空气中移驻到面包的心窝了，就乘机暴动起来，于是面包就变成胶胶黏黏的有酸味不中吃的东西了。

在人类的食桌上除了面包和酒而外，还有牛奶、豆腐、酱油、腌菜之类的食品，也都须靠着我的劳动才能制造成功。

牛奶，不是牛的奶吗，怎么也靠着我来制造呢？

这我指的是一种特别的牛奶——酸牛奶。这东西中国人很少吃过，而欧美人士却当它是比普通牛奶还好的滋补品，是有益于肠胃消化的卫生食品了。

酸牛奶的酸是有意识的酸，是含有抗敌作用的酸。酸牛奶一落到人们的肚子里，我的野孩子们就不敢在那儿逞凶了。

奇异而又不足为奇异的是，制造酸牛奶的劳动者，就是造酒商人所痛恨的乳酸杆菌呀！

呵呵！我的乳酸杆菌儿，在牛奶瓶中，却大受人们的欢迎了。

不但在牛奶瓶中，有如此盛况，在制造奶油和奶酪的工厂中，它也到处都受厂方的特别优待。这都因为它是专家，它有精良的技术，奶油、奶酪、酸牛奶等，都是它对人类优美的贡献。

酸牛奶在保加利亚、土耳其及其他近东诸国，是很盛行的。因为它有功于肠胃，所以那儿的居民，常恭维它做“长寿的杆菌”。这真是我这孩子的一件美事。

据说，美国的腌菜所用的乳酸，也是这乳酸杆儿的出品。不过，他们在乳酸之外，有时又掺进了一些醋酸、酪酸及其他有香味的酸。

这些淡淡浓浓的酸，我也都会制造。法国有一位著名的女化学家，就曾请我到她试验室里表演造酸的技术。结果，我那个黑色的曲儿表演的成绩最佳，它造成了大量的草酸和柠檬酸。现在市场上所售的柠檬酸，一大部分都是它的出品。

豆腐、酱油之类的豆制食物，却是我的黄绿色曲儿的出品了。这是因为它有化解豆蛋白质的能力。

中国制酱油的历史，算是最久远了。可惜中国人泥守古法，不知改进，又因为对于我的真相的不认识，酱油里往往有野菌暗渡，弄得黄绿色曲菌不能安心工作，不知浪费了多少原料呀！

你看，那倭国的商人就乖巧些，他们就肯埋头研究，积极在我菌众中物色最干练的酱油司务。

在爪哇，豆制食品也很兴盛，他们专请了另一位小技师，那是我的棕色曲儿。我又有几个孩子，被美国人请去帮他们忙制造甜美的冻膏了。

总之，在吃的方面，我和人类的经济关系，将来的发展是未可限量的。

不过在许多地方，人类却都提心吊胆的，谨防我来侵犯他们的食品。这是因为我那些野孩子的暴行所给他们的恶劣印象也太深刻了。

那新兴的罐头食品工业,便是人类食品自卫的一个大壁垒。他们用高压强热的手段,来消灭我在罐头境内的潜势力;又密不通风地封锁起来,使我无缝可入。这真是罕见的门罗主义,食物的独占政策,我在这儿也不便多说了。

穿的方面呢?人类也尽量地利用了我的劳力了。浸麻和制革的工业就是两个显著的例子。

在这儿,我的另一班有专门技术的孩子们,就被工厂里的人请去担任要职了。

浸麻,人类在古埃及时代,老早就发明了浸麻的法子了,也老早就雇用了我做包工。可是,像造酒一样,他们当初并没有看出我的形迹来。

浸麻的原料是亚麻。亚麻是顶结实的一种植物组织,是衣服的上等材料。它的外层,有顽固而有粘胶性的纤维包围着。

浸麻的手续就是要除去这纤维。这纤维的消除又非我不行。我的孩子们有化解纤维素的才能的也不多见。这可见化解纤维素的本事,真是难能可贵了。

这秘密,直到20世纪的初期,才有人发觉。从此浸麻的工业者,就大体注意我这有特殊技能的孩子的活动了。于是就力图改善它的待遇,在浸麻的过程中,严禁野菌和它争食,也不让它自己吃得过火,才不至于连亚麻组织的本身也吃坏了。

在制革的工厂里面,我的工作尤为紧张。在剥光兽毛的石灰水里,在充满腥气的暗室中,在五光十色的鞣酸里,到处都需要着我的孩子们的合作。兽皮之所以能化刚为柔而不至于臭腐,我实有大功。

不过,在这儿,也和浸麻一样,不能让我吃得过火,万一连兽皮的蛋白质都嚼烂了,那就前功尽弃了。

土壤革命补助了农村经济;衣食生产有功于人类的工业。这样看来,我不但是生物界的柱石,我还是人类的靠山,干脆点说:人类靠着我而生存。

这我并不是大言不惭。

你瞧!那滚滚而来臭气冲天的粪污,都变成田间丰美的肥料了。这还不是我的力量吗?没有我的劳动,粪便的处置,人类简直是束手无策。

这也可见,我和人类,并非绝对的对立,并无永久的仇怨!

那对立,那仇怨,也只是我那些少数的淘气的野孩子们的妄举蛮动。

观乎我和人类层层叠叠的经济关系,也可以了解我们这一小一大的生物间仍有合作的可能呵!

然而人类往往以特殊自居,不肯以平等相待。自从试验室里燃起无情之火,我做了玻璃之塔中的俘虏,我的行动被监视,我的生产被占有,从此我的统治权属于那胡子科学先生的党徒了。我这自然界中最自由的自由职业者,如今也不自由了,还有什么话可说!

细菌的衣食住行

色——谈色盲

有些泥古守旧的人，对于色，只认得红，其余的都模糊不清了，以为红是大喜大吉，红会升官发财，红能讨老婆生儿子，其余的色，哪一个配！

有些糊涂肉麻的人，如《红楼梦》里的贾宝玉之流，有特种爱红之癖，其余的色都被抹煞了，其余的色哪里赶得上？

然而，在今日的世界，红似乎又带有危险性了。有些人见了它就猜忌了。不是前不多时，报纸上曾载过，德国有一位青年，因用了红领带，而被处了六星期的徒刑吗？

但是，我这里所要谈的，并不是这些喜红、爱红和疑红的人，而是另一种人，认不得红的人。

这一种人，对于红，一向是陌生的。

这一种人，见了红以为是绿，见了绿又以为是红。

这一种人，就叫做“色盲”。

色盲不是假装糊涂，而实是生理上的一种缺憾。

这些话，在色盲者听了，或者能了然；不是色盲的人听了，反而有些不信任了，说是我造谣。

因此我须从“色”字谈起。

色，这迷离恍惚、变幻莫测的东西，从来就有三种人最关心它。

物理学者关心它的来路,它的结构。

生理学者关心它的现实,它和人眼的反应。

心理学者关心它的去处,它对于心理上的影响。

虽然,还有化学者在研究色料的制造,诗人美术家在欣赏、调和色的美感,政治家在用色来标榜他们的主义,市政交通当局在用色以表明危险与安全,如此等等的人,对于色,都想利用,都想揩油,于是色就走入歧路了。这些,我们不去细谈。

物理学者就说:

色是从光的反映而成。光是从发光体送出来的一种波浪。这一波一浪也有长短。太长的我们看不见,太短的也看不见。

看不见的光,当然是没有色,然而它们仍在空气中横冲直撞,我们仍有间接的法子,去发现它们的存在。如紫外光,如爱克斯光,如死光之类。

看得见的光,就可以分析而成为种种色了。

大概,发光体所送出的光,多不是单纯的光,内容很复杂,因而所反映出的色,也就不止一种了。

满天闪闪烁烁的群星,都是极庞大的发光体,和我们最亲热的就是太阳。

地球上一切的光,不,整个太阳系的光,都是来自太阳。

电光、灯光、烛光,乃至于小如萤火虫的光,乃至于更小如某种放光细菌的微光,也都是受了太阳之赐。

太阳的光线,穿过了三棱镜,一受了曲折,就会现出一条美丽的色系,由大红,而金黄,而黄,而蓝,而绿,而靛青,而紫。红以上,紫以外,就因光波太长太短的缘故,不得而见了。而且,这色系之间的演变,又是渐变而不是突变,所以色与色之间的界线,就没有理想那样的干爽清脆了。

色之所以有多种,虽是由于光波的长短不齐,然而其实也靠着人眼怎样地受用,怎样去辨识。没有人眼,色即是空,有人眼在,空即是色。这太阳的色系,是一切色的泉源,普通的人眼,都还认不清,何况所谓色盲的人。

生理学者花了好些工夫去研究人眼,又花了好些工夫研究人眼所得见的色。他们说:

人眼的构造和照相机相似,最里层有一片薄膜,叫做"视网膜",那视网膜就好比是底片了。一色至一切色的知觉都在这底片上决定,又伏有视神经的支脉,可以直接通知大脑。

色的知觉,可分为两党:一党是无色,一党是有色。

无色之党,就是黑与白及中间的灰色。

有色之党,就是太阳色系中的各色,再加上各种混合的色,如橄榄色、褐色之类。

有色之党,又可分为两派:一派是正色,一派是杂色。

正色,就是基本的色,纯粹的色。有的说只有三种,有的说可有四种。说三种的,以为是红、黄、蓝,又有以为是红、蓝、紫。说四种的,以为是红、绿、蓝、紫,也有以为是红、黄、绿、蓝。

总之,不论怎样,4 正色之后,其余的色,都可以配合混制而成了。因此,其余的色,都叫做"杂色"。据说,世间的"杂色",可有一千种之多哩。

太阳、火焰、血的狂流,都是热烈的殷红。晴天的天,海洋的水,都是伟大的深蓝。大地上,不是一片青青的草,绿绿的叶,就是一片黄黄的沙,紫紫的石。这些不都是正色吗?

傍晚和黎明的霓霞,花儿的瓣,鸟儿的羽,蝴蝶的翅,金鱼的鳞,乃至于化学药品展览室里一瓶一瓶新发明的染料,这些不都是杂色吗?

有了这些动人而又迷人,醒人而又醉人,交相辉映而又争妍夺艳的种种的色,我们的眉目都生动起来,活泼起来,然而外界的引

诱力是因之而强化,于是我们有时又糊涂起来,迷惑起来了。我们的心房终于是突突不得安宁了。为的都是色。

这些话都是根据人眼的经验而谈。

然而,色,迷人的色,把它扫清吧!设使这世界是无色的世界,从白天到黑夜,从黑夜到白天,净是黑与白与灰,这世界未免太冷落寂寞了,太清寒单调了,太无情无义了。

然而,世间就有这么一类的人,对于色,是不认识了。大家看得见的色,他偏看不见,或看得很模糊,或大家看是红,他偏看出绿来,大家看是蓝,他偏看是白,大家看是黄,他看是暗灰色。

这一类人,有的是全色盲,对于一切色,都看不见;有的是一色盲,对于某色看不见;有的是半色盲,对于色,都看得模模糊糊罢了。

最可怜的,就是那全色盲,他的世界完全是黑与白与灰,是无彩色的有声电影的世界。

这些事实,人们是不大发觉的。在这奔波逐浪、汹涌澎湃的人海潮里,不知从哪一个时代,哪一位古人起,才有色盲,我们是没有法子去考据的,也许有好些读者从来没有听见过色盲这名词,也许你们当中就有色盲的人,而连自己都还没有发觉。

科学界注意了这件事,是从18世纪末年英国的化学家道尔顿起。这位科学先生,本身就是色盲。他就是认不得红色的色盲之一员。

认不得红色是有危险的呀!后来的生理学者、心理学者,都渐起注意了。他们说:

水路、陆路的交通,都是以红色作危险的记号。轮船、火车上的司机,若是红色盲,岂不危险吗?十字大街上的红绿灯,是指挥不动这些色盲的路人呀。于是这问题就为市政和交通当局所重视了。

色盲的人,虽不是普遍的现象,然而也到处都有,尤以男子为多。据说,男子每百人中,色盲者有三四人;妇女每千人中,色盲者有一人乃至十人。

不过,完全色盲的人很少很少。最常有的还是红色盲。其次的,还有绿盲、紫盲、蓝盲、黄盲,如此之类的色盲。

这些色盲,都是对于某一种正色的朦胧,不认识。对于杂色,更是糊涂弄不清了。

然而,红盲的人,听了人家说红,就去摩挲揣度,有时他也自有他的间接法子,他的自定标准,去认识红,去解释红,所以人家说红,他也不去否认。这样地,我们要侦察他的实情,是真红盲,还是假红盲,就得用红的种种混合色、杂色,请他来比较一下,他的内幕于是乎揭穿了。

医生检查色盲的种种手段,就是按照这个道理。

声——爆竹声中话耳鼓

在首都，旧历新年的爆竹声，已不如从前那样通宵达旦，迅雷急雨般地齐鸣了。

不知被甚风吹走，今年的爆竹声，虽仍是东止西起，南停北响，但须停了好一会，才接着响下去，无精打采的，既像疏疏的几点雨声，又像檐下的滴漏，等了许久，才滴一滴。

在这国难非常严重的年头，凡有带点强为庆贺，强为欢笑之意的声调，本来就不顺耳，索性大放鞭炮，热闹一番，倒也可以稍稍振起民气，现在只有这不痛不痒的疏疏几声，意在敷衍点缀新年而了事，听了更加不耐烦了。

不耐烦，有什么法子想呢？

色、声、香、味、触，这五种特觉，只有声是防不胜防，一时逃避不出它的势力范围之外。

声音一发，听不听不能由你。这责任一半在于声音的性质，一半在于耳朵的构造。

声音是什么呢？

声音是一种波浪，因此又叫做“音波”。这音波在空气中游行，空气的分子受了震荡，一直向前冲，中间经了无数分散而凝集，凝集而又分散的曲折。

音波是由发音体发出来的,起先一定是发音体先受了震荡,所以两个坚实的物体,互相抨击,就可以成音。这音波是一波未平,一波又起的,而每一波的长度都不相等,有时相差很远。

大凡合于音乐的音波,我们常人的耳朵所听得到的,它的波长,最长的不过 12 米至 21 米之间,最短的波长只在 25 毫米之内。

这些音波在空气中飞行极快,平均的速率,每秒钟能行 33 米至 36 米,但也要看所穿过的空气的寒暖程度如何。

不论怎样这些合于音乐的音波,是有规则的,有韵节的。

不合于音乐的音波,就乱七八糟一点没有规律,没有韵节的了,所以听了就讨厌。

在从前,新年的爆竹声,家家户户合奏得像一阵一阵的交响曲,非常使人高兴。今年的爆竹声,受了当局不彻底的禁止,受了民间不景气的潮流的影响,好久,好久,忽而发出三四声,短而促,真是不痛快而讨厌。

这是声音的不协调,而叫我感到不耐烦。

耳朵的结构是怎样呢?

在我们的头颅上,两旁两扇翅膀似的耳翼,是收集音波的机器。在有的动物身上,它们还会听着大脑的指挥而活动的,然而它们的价值只是加强了声音的浓度和辨别音波的来向罢了。

不谙生理学的中国人,尤其是星相家之流的人,太看重了这两扇耳翼,以为耳的宝贵尽在这里,而且还拿它们的大小作为富贵和寿命的标准。如老子耳长七寸,便以为寿,刘先主目能自顾其耳,便以为贵之类的传说。

其实,若不伤及耳鼓,就割去两扇耳翼,也还听得见,不过声音变得特别一点罢了。这两扇露在外面的耳翼,有什么了不得呢?

围着耳翼里面那一条黑暗的小弄,叫做“耳道”。耳道的终点,是一个圆膜的壁,叫做“耳鼓”。这耳鼓才是直接接收音波、传达音波的器官。这一片薄薄的耳鼓膜厚不及十分之一毫米,却也分作三层:外层是一层皮肤似的东西,内层是一层黏膜,中间是一层“接连组织”。它的形状有点像一个浅浅的漏斗,而那凸起的尖端,却不在正中央,略略的偏于下面。这样带一点倾斜的不相称的形状,能敏锐地感到音波的威胁而振动。音波的威胁一去,那耳鼓的振动就停止了,所以耳鼓若是完好的,那外来的声音听得很干脆而清晰了。

紧靠在耳鼓膜的里面有三颗耳骨:一是锥骨,一是砧骨,一是镫骨,各因其形而得名。这三颗耳骨的那一面是靠着另一层薄膜,叫做“耳窗”,又名“前庭窗”。

这些耳骨是我们人身上最轻而最小的骨。它们的构造是极尽天工的巧妙,只需小小一点音波打着耳鼓,就可以使它们全部振动,那音波便被送进内耳里面去了。

内耳里面是伏有听神经的支脉,叫做“耳蜗神经”。那耳蜗神经的细胞非常灵便,不论多么低微的声音,它们都能接收而传达于大脑。

现在像爆竹这般大而响的声音,我们哪里能逃避不听呢!就是掩着两扇耳翼,空气的分子,既受了震荡,总能传进耳鼓里面去呀。

不过,这也有一个限制,空气是无刻不受着震荡,有的震荡的速率是太快或太慢,达到了我们的耳鼓上面,就不成其为声音了。

我们一般人所能听到的声音,极低微的振动率,大约是在每秒钟 24 次至 30 次之间。有的人,就是低至每秒钟 16 次的振动率的音波,也能听见。最高的振动率,要在每秒钟 4 万次以内,才听得见。

在这里又要看各个人耳朵的感觉如何敏锐了。聋子是不用说了。有的人虽然没有到了聋子的地步,然而对于好些尖锐的声音,如虫鸟的叫鸣,就听不见。

虽然爆竹的声音,它的振动率不太高也不太低,只要距离得不太远,是谁都要听见的哩!

香——谈气味

气味在人间，除了香与臭两小类之外，似乎还有第三种香臭相混的杂味吧。

植物香多臭少，动物臭多香少，矿物除了硫、硒、碲三者之外，又似乎没有什么气味了。

这些话是就鼻子的经验所得而谈。

香是鼻子所欢迎，臭是所拒绝，香臭不甚明了的第三种味，也就马马虎虎让它飘飘然飞过去了。

鼻子是两头通的，所以不但外界冲进来的气味瞒不过它，就是口里吞进去的，或胃里呕出来的东西，它也知道。捏着鼻子吃苦药，药就不大苦了。

然而鼻子是有时而塞住了，如得了伤风及鼻炎之类的疾病，那时就是尝了美酒香果，也是没有平日那么可口了。

气味到底是什么东西组成的，而有这样的轻贵呢？是不是也和光波、音波一样，也在空气中颤动呢？从前果然有人以为气味的游行，也是波浪似的，一波未平，一波又起。而今这种观念却被打破了。

现代的生理学者都以为，气味是从各种物体发出来的细粉。这细粉大约是属于气体罢。既发出之后，就渐散渐远，渐远渐稀，终于稀散到乌何有之乡去了。

但若在半途遇到了鼻子，就飘进了鼻房里面，在顶壁下，和嗅神经细胞接触，不论是香是臭，或香臭相混，大脑顷刻就知道了。

据说，同属一类的有机化合物，结构愈复杂，气味也愈浓。这样看来，气味这东西，似乎又是化学结构上“原子量”的一种作用了。

因此，要把世间的气味，一一分门别类起来，那问题便不如初料的那样简单了。

于是我想鼻子真是一副极灵巧的器官啊，无论什么气味，多么细微，多么复杂，它都能分辨出来。

鼻子在所有特觉当中，资格算是最老了。

然而文明愈进步，鼻子就愈不灵，生物的进化程度愈高，鼻子的感觉也愈坏。

野蛮民族，如美洲红人、原始人之类，他们的鼻子，都比现代人灵得多。他们常以鼻子侦察敌人，审查毒物，而脱离了危险。

狗的鼻子是著名的敏锐了。无论地上留有多么细微的气味，它都能追寻到原主。然而它也只认得熟人的气味，才是好气味。如果是生人，就是你满身都是香，也要对你狂吠几声，因为你不是它的圈子以内的人。

昆虫的嗅觉，似乎也很灵，不然房子里一放了食物，蟑螂、蚂蚁之类的虫儿，怎么就知道出来游历考察呢？

气味的感觉，也是当局者迷，外来者清。鼻子是有时而倦了，它也只有几分钟的热心。所以古人说：“入鲍鱼之肆，久而不闻其臭；入芝兰之室，久而不闻其香。”在生理学上看来，这句老话倒也不错。很多人总不觉着自己屋子里有臭味，一到外头去跑跑，回来就知道了。

气味有时也会倚强欺弱，一味为一味所压迫，所遮蔽，所中和。

所以两味混在一起,有时我们只闻见这味,而闻不到那味,如尸体的味一经石炭酸的洗浸之后,就只有石炭酸的气味了。

因此,人们常用以香攻臭的战术来消灭一切不愿闻的气味。这种巧妙的战术,是大大地被有钱的妇女所利用了。这也是香粉、香水之类化妆品的入超之一原因吧!

肉的气味,大家都是一样,本来没有什么难闻。然而不幸有的人常常发生特种的气味,则不得不借香粉、香水之力以遮蔽了。然而又有的人竟大施其香粉政策以取媚于其腻友,或在社交上博得好声誉。

然而香粉、香水之类的东西是和蜂采蜜一般,从花瓣花蕊里面采出来,榨出来的,究竟不是肉的本味,而是偷来的气味,似乎有些假。

因此我还有一首打油诗送给偷香的贵人们:

窃了花香作肉香,
花香一散肉香亡,
剩下油皮和汗汁,
还君一个臭皮囊。

据说气味这东西与心理还有些联络。所以讨厌这个人也讨厌这个人的味,欢喜另一个人也欢喜那个人的味,这是常有的事。

气味这东西真是不可思议了。

味——说吃苦

春秋战国时代有一位报仇雪耻、收复失地的国君——越王勾践。

当时越国被吴国侵略,几至于灭亡,勾践气得要命。他弃了温软的玉床锦被不睡,而去躺在那冷冰冰的、硬生生的、二三十根树枝和柴头搭成的柴床上,皱着眉头,咬着牙关,在那里千思万想,怎样救亡,怎样雪耻。

想到了不能开交的时候,又伸手取下壁上所挂的那一双黑黄色的胆,放在口里尝一尝。不知道是猪胆还是牛胆,大约总有一点很难尝的苦味吧。

这种卧薪尝胆,不忘国难国耻的精神,真是千古不能磨灭。

但,对于苦味的意义,我们都还没有一番深切的了解吗?

为什么尝一尝胆的苦味,就会起国家于危弱呢?

这是因为胆的苦味,触动了舌头上的神经,那神经立刻通知大脑,大脑顿时感到苦的威胁了。由小苦而联想到大苦,由小怨而联想到大怨,由一身的不快而联想到一国的大恨,由局部的受侵害而全民族震撼了。胆的味虽小,我们民众,个个都抱着尝胆的决心,那力量是不可侮的。

大脑分派出的感觉神经,在舌头的肉皮下四面埋伏着。那些神经的最前线,叫做“味蕾”,是侦察味之消息的前哨。这些味蕾的外层有好几个扁扁平平的普通细胞,内层则由六个或八个有特种职务的细胞,叫做“味细胞”所织成。味蕾不是舌头上处处都有,有的单有一个孤独的味细胞散在各处,也就能知味了。所以味蕾好比一队一队的武装警士,味细胞就好比是单身的便衣侦探了。从口里来往的客货,通通要经过它们的检查盘问呀。

运到口里的客货,大部分都是充为食品,那些食品当中,有好有坏,有美有丑,一经味蕾审查,没有不发觉的。虽然,这也不一定十分靠得住。有时,无味而有毒的物品,也可以混过去。何况有美味的食品,不一定就没有毒。又何况有毒的食品,也可以用甜美的香料来装饰,就如我们中国的敌人,一面步步尺尺侵略,一面还要口口声声亲善。倒是胆的味虽苦而无毒,反可以时时刻刻提醒我们雪耻精神,再接再厉地奋斗。

味的发生,是有味物品和味细胞的胞浆直接接触的结果。

然而干的物品放在干的舌头上面,是没有味的。要发生味的感觉,那物品一定要先变成流体,或受口津的浸润、溶化。这就像民众的爱国观念,须先受民族精神的训练,国际知识的灌溉。没有训练,没有知识的民众,只堪作他人的奴隶、牛马,而不自觉。

味并不是物品所固有,并不是那物品的化学结构上的一种特性。

味是味细胞的特有情绪,特具感觉,受外物的压迫而发动。

蔗糖、饴糖和糖精,三种物品,在化学结构上大不相同,而它们的味,却都是甜甜的。糖精的甜味,且五百倍于蔗糖。

反之,淀粉是与蔗糖一类的东西,反而白白净净,一些味儿都没有。

味又不一定要和外来的物品接触而发生,自家的血液内容,若起了特殊的变化,也会和味发生关系。

糖尿病的人,因为血里面的糖太多,有时终日都觉得舌头是甜甜的。

黄疸病的人,因为胆汁无限制地流入血中,因此成天地舌底卧面都觉得是苦苦的。

有的生理学者说,这些手续,这些枝节,都不是绝对必要的。只需用电流来刺激味的神经,也会发生味的感觉。用阳极的电来刺激,就发生酸味;用阴极的电,就发生苦味。

总之,味的感觉,是味细胞的潜伏着的特性,不去触动它,是不会发作的。

在这一点,味仿佛似一般民众的情绪。不论是国内的汉奸,或本地的土劣,不论是哪里冲来的敌人,东洋还是西洋,谁叫我们大众吃苦头的,谁就激起了大众的公愤,一律要反抗,一律要打倒。

生理学家又说:味的感觉,虽有种种色色,大半不相同,基本的味,单纯的味,只有四种。哪四种?

一种是糖一般的甜,一种是醋一般的酸,一种是盐一般的咸,一种是胆一般的苦。

这四种,再加上香、臭、腥、辣、冷、热、油滑或粗糙,味的变化可就无穷了。这些附加的感觉,都不是味,而味的本身,却为其所影响,而变成混杂的感觉。

所以我们若塞着鼻子吃东西,许多杂味,都可以消除。许多杂味,都是靠鼻子的感觉,不是我们舌头真正的感觉呀。

孔子在齐国听到了韶乐,有三个月头的光阴,不知道肉是什么味。这是乐而忘味,并不是舌头的神经麻木了。舌头的神经,万一麻木,就如舆论不自由,是顶苦的苦情啊!

纯甜,纯酸,纯咸,纯苦,这四种单纯的味,在舌头上,各有各的势力范围,各的地盘。舌尖属甜,舌底属咸,舌的两旁属酸,舌根属苦。

生理学者就各依它们的地盘,去测验这四味的发生所需要的刺激力之最小限度。

研究的结果是,每 100 立方毫米的清水里面:

盐,只须放 0.25 克,就觉着咸;

糖,只须放 0.50 克,就觉着甜;

盐酸,只须放 0.007 克,就觉着酸;

鸡纳,只须放 0.000 05 克,就觉着苦。

可见我们对于苦,有极大的感觉。我们的舌根,只须极轻微的苦味,已能发觉了。

触——清洁的标准

人是什么造成的呢?

生理学家说:人是血、肉、骨和神经等各种细胞组织而成。

化学家说:人是碳水化合物、蛋白质、脂肪等配制而成。更简单点说,人是糖、盐、油及水的混合物。

先生、太太、娘姨、车夫、小姐、少爷、女工,不论是哪一种人,哪一流人,在科学家眼光看去,都是一样耐人寻味的活动试验品,一个个都是科学的玩具。

说到玩具,我记起昨天在一位朋友家里,看见了一个泥美人,这个美人,虽是泥造的,而眉目如生,逼肖真人,也许比我所看见过的真的美人还美一分。泥美人与真美人不同的地方,一是没有生命的泥土,一是有生命的血肉。然而表面的一层皮,都是一样的好看,鲜艳可爱。

记得不久之前,我到"新光"去看《桃花扇》,从戏院里飘出来了一位装束时髦的贵妇人,洋车夫争先恐后地抢上去拉生意。那贵妇人,轻竖娥眉,装出不耐烦而讨厌的样子,呲的一声,急急地和她后面的一个西装革履的男子,跳上汽车走了。我想,那贵妇人为什么这样讨厌洋车夫呢?恐怕都是外面这一层皮的颜色和气味不同的缘故吧!里面的血肉原是一样的啊!

同是血肉,不幸而为洋车夫,整天奔跑,挣扎一点钱,买几块烧饼吃还要养家,哪里有闲工夫天天洗澡,有闲钱买扑身粉,以致汗流污积,臭味远播,使一般贵妇人见而急避。

同是血肉,何幸而为贵妇人,一天玩到晚,消耗丈夫的腰包,涂脂搽粉,香闻十里,使洋车夫敢望而不敢近。

现在让我们细察皮肤的结构,看上面到底有些什么。

皮肤的外层是由无数鱼鳞式的细胞所组成。这些皮肤细胞时时刻刻都在死亡。同时,皮肤的内层,有脂肪腺,时时都在出油,有汗腺,时时出汗。这些死细胞、油、汗和外界飞来的灰尘相“拌”,便是细菌最妙的食品。于是细菌,远近来归,都聚集于皮肤毛孔之间,大吃特吃。

这些细菌里面,最常见的为白葡萄球菌,占90%,每个人的皮肤上都有,这种细菌,虽寄食于人,而无害于人,但它的气味,却有一点寒酸。

次为黄葡萄球菌,占5%。这种细菌可厉害了。它不甘于老吃皮肤上的污垢,还要侵入皮肤内层,去吃淋巴,被微血管里的白血球看见了,双方一碰头,就打起仗来。于是那人的皮肤上就生出疖子,疖子里面有白色的脓液,脓液就是白血球和黄葡萄球菌混战的结果。

其他普通的细菌,如大肠杆菌、变形杆菌及白喉类杆菌,也有时在皮肤上发现。但是皮肤不是它们用武之地,不过偶尔来到这里游历而已。

皮肤走了倒运,一旦遇到了凶恶狠毒的病菌,如丹毒链球菌、麻风杆菌、淋球菌之类,那就有极大的危险,不是寻常的事了。

我们既不能停止皮肤流汗出油,又不能避免它不和外界接触。所以唯一安全的办法,就是天天洗澡。然而天天洗,还是天天脏,细胞还须天天死,细菌还要天天来,何况在夏天,何况不能常洗之人,如洋车夫、小工人等,真是苦了一般长期劳动者了。

虽然,整天地在烈日下奔走操作的劳动者,袒胸露臂,光着两腿,但日光就是他们的保障。日光可以杀菌,他们无时不在日光浴,而且劳动不息,肌肉活泼,血液流通,皮肤坚实,抵抗力甚强。这是他们天然健康美,细菌可吃其汗,而不敢吃其血,所以他们身上,汗的气味虽浓,皮肤病则不多见也。

摩登妇女天天洗濯,搽了多少粉,喷了多少香,蔻丹胭脂,无所不施,然而她能拒绝细菌不时地吻抱吗?而且细菌顶喜欢白嫩而柔弱的肉皮,谓其易于进攻也。于是达官贵人的太太、小姐乃至于姨太太等等,春天也头痛,秋天也心跳,冬天发烧,夏天发冷了。

这样看来,同是肉皮,何必争贵贱,难道这一层薄薄的皮肤,涂上一些色彩,便算得健康和清洁的标准吗?

我们再移转眼光去观察鼻孔、咽喉、口腔以至于胃肠各部的清洁程度。

鼻孔的门户永远开放。整天整夜在那里收纳世界上的灰尘,虽经你洗了又洗,洗去了一丝丝的鼻涕,一下子,灰尘携着成千成万的细菌又回来了。在北平,大风一刮,走沙飞尘,这两个鼻孔,更像两间堆煤栈,犹幸鼻毛是天然的滤斗,把细菌灰尘都挡驾了。这些来拜访的小客人,多半都是白喉类杆菌及白葡萄球菌。有时来势凶猛,挡不住,被它们冲进去,到了咽喉。

咽喉是入肺的孔道,平时四面都伏有各种细菌,如八叠球菌、绿链球菌及阴性格兰氏球菌之类。咽喉把守不紧,肺就危险了。

口腔虽开关自主,而一日三餐,说话之间,危机四伏,睡眠之时,张开大口,尤为危险。从口腔,经胃肠,至肛门,这一条大道,自婴儿呱呱坠地以来,即辟为食品商埠,更进而为细菌殖民地。细菌之扶老携幼,移民来此者摩肩接踵,形形色色,不胜枚举,就中以寄居于大肠里面的大肠杆菌,为最著名,足迹遍及人类之大肠。

这些熙熙攘攘的细菌，为摩登妇人所看不见，洗不净，不得不施以香粉，喷以香水，以掩其臭。这是车夫工人与达官贵人的共同点。车夫之肠固无二于贵人之肠也，车夫之屎不加臭，贵人之屁不加香。

然而贵人之食过于精美又不劳动而造成胃弱肠痛之病，车夫粗食，其胃甚强。这点贵人又不如车夫了。

贵人、贵妇人等，只讲面子，讲表皮上的漂亮、香甜，而内在的坚实、纯洁却让予车夫、工人了。

细菌的衣食住行

衣食住行是人生的四件大事,一件都不能缺少。不但人类如此,就是其他生物也何曾能缺少一件,不过没有人类这样讲究罢了。

细菌是极微极小的生物,是生物中的小宝宝。这位小宝宝穿的是什么?吃的是什么?住在哪里?怎样行动?我们倒要见识见识一下。

好呀,请细菌出来给我们看一看呀!

不行,细菌是肉眼看不见的东西,它比我们的眼珠就小了两万倍呀。幸亏二百六十年前荷兰国有一位看门老头子叫做"列文虎克"先生把它发现出来。列文虎克先生一生的嗜好就是磨镜头,在他屋子里存着好几百架自制的显微镜,天天在镜头下观察各种微小东西的形状。有一天他研究自己的齿垢,忽然看见好些微小的生物在唾液中游来游去,好像鱼在大海中游泳一般。这些微小的生物就是我们现在所要介绍的细菌。自从细菌被发现以后,经过许多科学家辛辛苦苦地研究,现在我们已渐渐知道它的私生活的情况了,但是大众对于细菌不过偶尔闻名而已,很少有见面的机会,至于它的衣食住行更莫名其妙了。

我们起初以为细菌实行裸体运动,一丝不挂,后来一经详细地观察，才晓得它们个个都穿着一层薄薄的衣服，科学的名词叫做“荚膜”。这种衣服是蜡制的，要把它染成紫色或红色才看得清楚。细菌顶怕热，若将它们抹在玻璃片上放在热气上烘，顷刻间这层蜡衣都化走，露出它们娇嫩的肤体。它们又很爱体面，当它们来到人类或动物的体内游历，或在牛奶瓶中盘桓之时，穿得格外整齐，这层蜡衣显得格外分明。细菌的种族很多，其中以荚膜杆菌、结核杆菌及肺炎球菌三族衣服穿得特别讲究，特别厚，特别容易为我们所认识。

细菌的吃最为奇特而复杂，我们若将它详详细细地分析一下，也可以写成一部食经。在这里不便将它的全部秘密泄露，只略选其大概而已。细菌是贪吃的小孩子，它们一见了可吃的东西便抢着吃，吃个不休，非吃得精光不止。但它们也有吃荤绝对不吃素的，也有吃素绝对不吃荤的，所以我们有动物病菌与植物病菌之分。大多数的细菌都是荤素兼吃。有的细菌荤素都不吃而去吃空气中的氮，或无机化合物如硝酸盐、亚硝酸盐、阿摩尼亚、一氧化碳之类。

此外还有吃铁的铁菌和吃硫磺的硫菌。更有专吃死肉不吃活肉的腐菌和专吃活肉不吃死肉的病菌。麻风的病菌只吃人及猴子的肉，不肯吃别的东西，平常住在水里或土壤里的细菌，到了人或动物的身上就要饿死。然而结核杆菌及鼠疫杆菌等这些穷凶极恶的病菌就很刁皮，它们在离开人体到了外界之后又能暂吃别的东西以维持生活。在吃的方面，细菌还有一种和人类差不多的脾气，我们不可不知道的，就是太酸的不吃，太咸的不吃，太干的不吃，太淡而无味的也不吃，大凡合人类的胃口也就合它们的胃口。所以人类正在吃得有味的东西，想不到它们也在那里不露声色地偷着吃。

细菌的住是和食连在一起的，吃到哪里就住到哪里，在哪里住就吃哪里的东西，它们吃的范围是这样的广大，它们住的区域也就无止境了。而且它们在不吃的时候也可以随风飘游，它们的子孙便散布于全地球了（别的星球有没有我们还没有法子知道。从前德国有一位科学家特意地坐气球升上天空去拜访空中的细菌，他发现离地面 4 000 米之高还有好些细菌在那里徘徊）。大部分的细菌都是以土壤为归宿，而以粪土中所住的细菌为最多，大约每一克重的粪土住有 115 000 000 个细菌。由土壤而入于水，便以水为家，到了人及动植物身上，便以人及动植物的身体为家。还有一种细菌叫做“爱热菌”，在温泉里也可以过活。

好多种细菌身上都有一根或多根活泼而轻松的鞭毛。这鞭毛鼓舞起来它们便可在水中飞奔，伤寒杆菌能于 1 小时之内渡过 4 毫米长的路程。这一点的路在细菌看来实在远得很，因为它们的身长尚不及 2 微米，而 4 毫米却比 2 微米长 2000 倍。霍乱弧菌飞奔得更快，它们可于 1 小时之内渡过 18 厘米长的路程，比它们的身体长 9 万倍，别的生物都不能跑得这样快。然而细菌若专靠它们自己的鞭毛游动究竟走得不远。它们是喜欢旅行，喜欢搬家的，于是不得不利用别的法子。它们看见苍蝇附在马尾犹能日行千里，老鼠伏在船舱里犹能从欧洲搬到亚洲，它们何不就附在苍蝇和老鼠身上，岂不是也可以游历天下吗？于是蚊子、苍蝇就作了它们的飞机，臭虫、跳虱就作了它们的火车，鱼蟹、蚝蛤就作了它们的轮船，自由自在地到处观光。不仅如此，它们还会骑人，在这个人身上骑一下又跳到别个人身上骑一下，你看，在电车上，在戏院里，在一切公共的场所，这个人吐了一口痰，那个人说话口沫四溅，都是它们旅行的好机会呀。

细菌的大菜馆

是人类开始的那一天，亚当和夏娃手携手，赤足露身，在伊甸河畔的伊甸园中，唱着歌儿，随处嬉游，满园树木花草，香气袭人。亚当指着天空一阵飞鸟，又指着草原上一群牛羊，对夏娃说：看哪！这都是上帝赐给我们的食物呀。于是两口儿一齐跪伏在地上大声祷告，感谢上帝的恩惠。

这是犹太人的宗教传说。直到如今，在人类的半意识中，犹都以为天生万物皆供人类的食用、驱使、玩弄而已。

希腊神话中，欧林壁山[①]上一切天神都是为人而有，如爱神司爱，战神司战，谷神司食，因为人而创出许多神来。

我们古老国家的一切山神、土地、灶君、城隍也都是替人掌管，为人而虚设其位。

这些渺渺茫茫无稽之谈都含有一种自大性的表现，自以为人类是天之骄子，地球上的主人翁。

自达尔文的《物种起源》出版，就给这种自大的观念，迎头一个痛击。他用种种科学的事实，说明了人类的祖宗是猴儿，猴儿的祖宗又是阿米巴（变形虫），一切的动物都是远亲近戚。这样一

① 欧林壁山即奥林匹斯山。

说,人类又有什么特别贵重呢。人类不过是靠一点小聪明,得到一些小遗产,走了幸运,做了生物的官,刮了地球的皮,屠杀动物,砍折植物,发掘矿物,以饱自己的肚皮,供自己的享乐,乃复造出种种邪说,自称为万物之灵。

布伦费尔先生,美国的一位前进的细菌学家,正在约翰·霍布金大学医院[1]试验室里,穿着白衣,坐在黑漆圆凳子上,俯着头细看显微镜下的某种大肠杆菌,忽然听见我讲到“饱自己的肚皮”一句,不禁失声大笑,没有转过头来,带有一半不承认我的话的口气,连着就说:

“饱谁的肚皮呀?恐怕不仅饱人类自己的肚皮吧?你就不想到人类的肚子里还有长期的食客,短期的食客,来来往往临时的食客呀。一个个两条腿走来走去的动物,还是细菌的游行大菜馆呀。”

我本来处于摇摇孤单的地位,硬着胆说了前面的一篇话,已预存着被听众的包围问难,被他这一问,倒惊退一步。但他不等我回答,又站起来,回过身倚着试验桌旁,接着侃侃而谈:

“不仅人类的肚皮是细菌的菜馆,狮虎熊象,牛羊犬鼠,燕雁鸦雀,龟蛇鱼虾,蛤蚌蜗螺,蜂蚁蚊蝇,乃至于蚯蚓蛔虫,举凡一切有脊椎和无脊椎的动物,只需有一个可吃的肚皮或食管,都是细菌的大小菜馆,酒店,包饭馆。不但如是,鼻孔喉咙还是细菌的咖啡馆,皮肤毛管还是细菌的小食摊,而地球上一沟一尘、一瓢一勺,莫不是它们乘风纳凉饮冰喝茶之所。

细菌虽小,所占地盘之大,子孙之多,繁殖之速,食物之繁,无微弗至,无孔不入,诚人类所不敢望其肩膊。所以这世界的主人翁,生物的首席,与其让人类窃称,不如推举细菌。”

---

① 约翰·霍布金大学医院即约翰·霍普金斯医院。

他说到这里顿了一顿,我赶紧含笑插进去说:

“然则弱小细微的东西从今可以自豪了。你的话一点都不错。强者大者不必自鸣得意,弱者小者毋庸垂头丧气。大的生物如恐龙巨象,因为自然界供养不起,早已绝种。现在以鲸鱼为最大,而大海之中不常见。老虎居深山中,奔波终日,不得一饱,看见丛林里一只肥鹿,喜之不胜,又被它逃走了。蚂蚁虽小,而能分工合作,昼夜辛勤,所获食料,可供冬日之需。

生物愈小,得食愈易。我不要再拖长了。现在就请布伦费尔先生给我们讲一点细菌大菜馆的情形吧!”

布伦费尔先生是研究人类肚子里的细菌的专家。他深知其中的奥妙。

于是这位穿白衣的科学先生又开口了。这一次,他提高嗓子,用庄严而略带幽默的态度说:

“我们这一所细菌大菜馆,一开前门便是切菜间,壁上有自来水,长流不息,菜刀上下,石磨两列,排成半圆形,还有一个粉红色活动的地板。后面有一条长长的甬道,直达厨房。厨房是一只大油锅,可以放缩,里面自然发生一种强烈的酸汁,一种神秘的酵汁。厨房的后面,先有小食堂,后有大食堂,曲曲弯弯,千回百转,小食堂备有咖喱似的黄汁,以及其他油呀醋呀,一应俱全。大食堂的设备,较为粗简,然而客座极多,可容无数万细菌,有后门,直通垃圾桶。

“形形色色的菌客菌主菌亲菌友,有的挺着胸膛,有的弯腰曲背,有的圆脸儿涂脂搽粉,有的大腹便便,有的留个辫子,有的满面胡须,或摇摇摆摆,或一步一跳,或匍匐而入,或昂然直入。有从前门,有从后门。

“从前门而入者,多留在切菜间,偷吃菜根肉余齿垢皮屑。然而常为自来水所冲洗,立脚不定。不然,若吃得过火,连墙壁、地板、刀柄都要吃，于是乎人就有口肿、舌烂、牙痛之病了。

“这一群食客里面，最常来光顾的有六大族。一为圆脸儿的小球菌，二为像葡萄的葡萄球菌，三为珠脸儿的链球菌，四为硬挺挺的阳性格兰氏杆菌，五为肥硕的阴性格兰氏杆菌，六为弯腰曲背的螺旋菌，这些怪姓，经过一次的介绍，恐你们仍记得不清啊。

“在刷牙漱口的时候，这些无赖的客人，一时惊散，但门虽设而常开，它们又不请自来了。

“婴儿呱呱坠地的一刹那间，这所新菜馆是冷清清地无声无息。但一见了空气，一经洗涤，细菌闻到腥秽的气味，就争先恐后，一个个从后门踉跄而入。假如将婴儿的肛门消毒，再用一条无菌的浴巾封好，则可经二十小时之久，一验胎粪仍杳然无菌迹。一过了二十小时之后，纵使后门围得水泄不通，而前门大开，细菌已伏在乳汁里面混进来了。

“在母亲的乳汁中混进来的食客以乳枝杆菌一族为最多，占99%，其中有时夹着几个肠球菌及大肠杆菌。

“假如母亲的乳不够吃，又不愿意雇奶妈，而去请母黄牛做奶娘，由牛奶所带来的细菌，就五光十色了。最多数的不是乳枝杆菌而是乳酸杆菌了。此外还有各种各式的大肠杆菌、肠球菌、阳性格兰氏需气芽孢杆菌、厌气菌等，甚至有时混着一二刺客，如结核杆菌，那就危险了，所以没有严格消毒过的牛奶，不可乱吃呀！

“在成年的人，肚子饿的时候，油锅里没有菜煮，细菌也不来了。一吃了东西，细菌却跟着进来，厨房里就拥挤不堪。但是胃汁是很强烈的，它们未吃半饱，都已淹死了。只有几种抗酸杆菌及芽孢杆菌还可幸免。但是在有胃病的人体内，胃汁的酸性太弱，细菌仍得以自全，并且如八叠球菌、寄腐杆菌等竟毫无顾忌地就在这厨房里组织新家庭，生出无数菌儿菌孙。而那病人的胃一阵一阵地痛了。

“过了厨房,就是小食堂。那里食客还不多。然而食客到了食堂就流连不忍去,于是有好些都由短期变成长期食客了,这些长期食客中以大肠杆菌为最主要。它的足迹走遍天下菜馆,不论是有色人种也好,无色人种也好,它都认得,每个人的肠内都有它在吃。”

说到这里,白衣科学先生用他尖长的右手的食指,指着桌上那一架显微镜说:

“我在这显微镜上看的就是这一种大肠杆菌。其余的食客恕我不一一详举。

“一到了大食堂,就大热闹起来。摇头摆尾,挤眉弄眼,拍手踏足,摩肩攘臂,济济一堂,净是细菌亲友,细菌本家。有时它们意见不合,争吵起来,扭做一团,全场大乱,人便觉得肚子里有一股气,放不出来。

“快到后门了,菜渣和细菌及咖喱似的黄汁相拌,一变而为屎。一斤屎有四五两细菌哩。然而大部分都是吃得太饱胀死了。

“以上所述,都是安分守己的细菌,还有一群专门捣墙毁壁的病菌,那我们不称它们做‘食客’,简直叫它们做‘刺客暗杀党’了。这就再请别位的专家来讲吧!”

细菌的形态

有了一架可以放大至一千倍左右的显微镜,看细菌是便当的事了。只需将那有菌的东西,挑下一点点涂于玻璃薄片上,和以一滴清水,放在镜台上,把镜筒上下旋转,把眼睛搁在接目镜上一看,镜中自然隐约浮出细菌的原形来。

但是,这样看法,就好像半夜醒来,睡眠迷离中,望见天空烁烁灼灼,忽明忽昧的星河星云,看得太模糊恍惚了。

自柯赫先生引用了染色法以来,于是细菌也施紫涂朱,抹黄穿蓝,盛装艳服起来,显得格外分明鲜秀。

后来的细菌学家相继改良修进,格兰先生发明了阴阳染色法,齐尔、尼尔森二先生发明了抗酸染色法,于是细菌经过洗染之后,不特轮廓明显,内容清晰,而且可做种种的分类了。

就其轮廓而看,细菌大约可分为六大类:一为像菊花似的放线菌,二为像游丝似的丝菌,三为断干折枝似的枝菌(即分枝杆菌),四为小皮球似的球菌,五为小棒子似的杆菌,六为弯腰曲背的弧菌,那第六类,有的多弯了几弯,像小小螺丝钉,又叫做“螺旋菌”。

这些细菌很少孤身漂泊,都爱成双结四集队合群地到处游行。球菌中,有的结成葡萄儿般的一把一把数十百个在一起,名为“葡萄球菌”,有的连成珠儿般的一串一串,有短有长,名为“链球菌”,

有的拼成豆儿栗子儿花生儿般的一对一对,名为“双球菌”,有的整整四个做成一处,名为“四联球菌”,有的八个叠成立方体,名为“八叠球菌”。

杆菌中,有的竹竿儿似的一节一节;有的马铃薯般的胖胖的身躯;有的大腹便便,身怀芽孢;有的芽孢在头上,身像鼓槌;有的两端肿胀,身似豆荚;有的身披一层荚膜;有的全身都是毛;有的头上留有辫子;有的既有辫子,又有尾巴;长长短短,有大有小。

细菌都有点阴阳怪气,有的阴盛,有的阳多,有的喜酸性,有的喜碱性。若用格兰先生的染料一染,点了碘酒之后,再用火酒来洗,有的就洗去了颜色,有的颜色洗不去了。洗去的就叫做“阴性格兰氏球菌”及“阴性格兰氏杆菌”;洗不去的就叫做“阳性格兰氏球菌”及“阳性格兰氏杆菌”哩。这阴阳两大类的球菌和杆菌,所以别者,皆因其化学结构及物理性质有所不同,换言之,它们生理上的作用,不是一样的呀。

有一类分枝杆菌,如著名的结核杆菌,满身都是油,很不容易染色,后来齐先生和尼先生,把它放火上烘,烘得油都化走了,由是一经染色,就是放在酸汁中浸,也洗不退,这就是抗酸染色,这一类杆菌,又被称为“抗酸杆菌”了。

染色之道益精,菌身的内容益彰。细菌身上或有芽孢,或有荚膜,或有鞭毛,前文已经隐隐提出。芽孢所以传种,荚膜所以自卫,鞭毛所以游动。

除此之外,胞中并非空无一物,有说还有胞核,有说还有色粒,连细菌学家,都还没有一律的主见,我们俗人,管他则个。

细菌的祖宗

——生物的三元论

中国人最尊重的就是祖宗,所以现在我要谈起细菌的祖宗,一定很合你们的胃口,你们听了总不会十分讨厌吧。

不过,我们中国人从来是重男轻女,所谓祖宗都是指父党而言,和母亲娘家的人是毫无关系的。每逢年节,祭祖扫墓的事不都是纪念父系这边的死人吗?

细菌这生物,不分男女,不别雌雄,就有,也都一律平等,没有什么轻重,所以科学家不论是在显微镜下观察,或者是在玻璃器里实验,不知费了多少精神,几许工夫,总不能辨出它们,哪个是公,哪个是婆,哪个是夫,哪个是妇。

细菌的祖宗究竟是谁呢?

古今中外的帝王都有年谱。世家也有列传。细菌族里可惜没有族谱,而且从来没有人替它们立传。所以菌族先世的行状并没有记载可寻。

于是生物学者就纷纷议论起来了。

人类和细菌初次会面还不过是二百六十几年前的事。中国人虽常吃香蕈蘑菇,然而这些都是大菌,和细菌无干。

有人说香蕈蘑菇之类的大菌便是细菌的祖宗。提出这个意见的人以为小的生物都是从大的生物而来。例如蚂蚁、蜜蜂、蝴蝶、苍蝇以及其他一切昆虫的祖宗，就是古生物时代号称为大海霸王的三叶虫。在当时三叶虫的躯体庞大无比，横行水中，水中小鱼小兽见了它都很羡慕，谁想到它后代的子孙，都是那么小小的。

又如龟蛇鳄鱼这一类的动物，它们的祖宗，也曾在大陆上横行过一时，那时代就叫做“爬虫时代”，那些爬虫，如恐龙怪蟒之类，都是顶大顶可怕的。

就是我们人类的祖宗，原始人的躯体听说也比现代人大了好些。这些不都是生物从大而小的证据吗？

然而有些微生物学者听了这话又大不以为然了。据他们说单细胞生物是多细胞生物的祖宗，而单细胞生物却比多细胞生物小。这样一说，生物的演变，又是由小而大了。

据说最近几十年内，微生物学者又发现了好几种有生命的小东西，小到连显微镜下都看不见，因而称做“超显微镜的生物”。那么，这些超显微镜的生物，是不是细菌的祖宗，而细菌又是不是其他一切生物的祖宗呢？

但是超显微镜的生物，也和细菌一样，也和香蕈蘑菇一样，都不能独立自主地生活，都须寄生于其他生物的身上，这样一说，就都没有做祖宗的资格，因为没有主人不会有客，没有其他生物之先哪里会有寄生物呢？

这岂不是像细菌这一类的东西，只配做人家的儿孙，不配做人家的祖宗吗？

生物学者向来强把生物分作两大界：一界是植物，一界是动物。

我以为既分做两界，不如分作三界。另添的一界是菌物，就是指香蕈蘑菇和细菌这一类的东西。

分作两界最大的理由，是因为植物体内有叶绿素，靠着这叶绿素的力量，它会利用阳光，将水及二氧化碳综合起来变成糖类。动物却没有这个本事，这是动植物两界基本上不同的地方。

其次，就是因为动物能行动自由，不受土地的束缚，而植物则非连根带泥拔出来，就动不得，偶尔身上长有鞭毛或纤毛，然而也只能使局部略略飘动罢了，并不是全身的迁移。

再其次就是因为动物须到处寻找食物，所以具有敏锐的感觉神经，而植物无须仔细去辨别食物，所以并没有像动物那样敏锐的感觉。

又其次就是因为这两界的生物的形态大不相同。动物的身体都是缩做一团，上面有一条孔道可通食物，又具有消化器。植物所吃的东西都是气体和液体，这些东西四处都有，又无须经过消化的手续，所以它们的枝、干、叶、根都是四面张开。

现在大个子的菌物，如香蕈蘑菇之类，都是附着树干上而生，它们的外貌和植物没有两样，所以生物学者都把它们认做植物，可是它们的内容并没有一点叶绿素。没有叶绿素又怎样配称做植物呢！

至于细菌这一类小小的东西，固然有的也在土中生长，有的也随着空气而飘荡，有的也在水中奔波逐流，有的竟漂泊到动植物身上去，就是你们人类的肚子里也有它们的踪迹，它们身上的鞭毛又很活泼，在液体中游动起来，真比汽船潜艇还快，这些都充分地表示它们是可以自由行动，并不受土壤的节制。况且它们身上也没有一丝一毫的叶绿素，这样看来应当把它们归于动物一界了。

然而生物学者犹豫了半世纪之久，后来到底因为它们的生活状态极似大菌，终于通过列它们于植物之界了。

细菌族里还有一位螺大哥，它们的形状弯弯曲曲，很像螺丝钉,因为它身上没有鞭毛,靠着它自身一弯一曲的力量,而能飞快地游动,因此有时生物学者又把它拉入动物之界了。

这似乎有点不公平。这是生物学传统的观念,以为生物只能有两界,不是植物,便是动物,只看形式,不顾实际。

植物固然有叶绿素,能自制糖。这糖便是植物自身的食料,但它却是造得太多了,而有过剩,这些过剩的食料便送给动物吃了。

动物因为有消化器,所以能把这些植物所过剩的食料,分解了而又重新综合起来,变成自身组织的结构。若植物只管制造食料,动物只管吞吃食料而没有第三者出来代自然界收回这些原料,以供植物的再取再用,那生物界就有绝食之虞了。

这第三者的工作,就是菌物界的各分子来担任了。

香蕈蘑菇的工作,就是去分解树皮、树干、树枝、树叶这一类坚硬的东西,使它们软化,然后昆虫吃了才能消化。

细菌的工作,就是去分解动物的尸身,把它们变成各种无机物,以供植物直接从土中吸收。

由此可见生物的循环,是有三大段,第一段是植物的工作,第二段是动物的工作,第三段便是菌物的工作了。

生物既分作三界了,菌族的地位,也就名正言顺,落落大方,不必依傍他物了,于是菌族的祖宗也就有些眉目可寻了。

这些眉目在哪里呢?

我们现在请达尔文先生出来做见证吧。在达尔文先生的《物种起源》里,一切生物的进化程序,可以说都是由简单而复杂。

这样一说,单细胞生物无疑的是多细胞生物的祖宗了。

阿米巴是最简单的单细胞动物,由是阿米巴就做了动物界的祖宗了。青苔是最简单的单细胞植物,由是青苔就做了植物界的祖宗了。细菌是最简单的单细胞菌物,由是细菌也就做了菌物界的祖宗了。

这三界是一样的重要，缺一不可，这是生物的三元论。

阿米巴、青苔和细菌是生物的三位“教主”。然则谁是生物的“太上老君”呢？那就渺渺茫茫无从考据了。

清水和浊水

去年夏天各省抗旱，今年夏天江河泛滥，水的问题够严重的了。

伍秩庸先生论饮水说：

“人身自呼吸空气而外，第一要紧是饮水。饮比食更为重要，有了水饮，虽整天地饿，也可以苟延生命。人体里面，水占七成。不但血液是水，脑浆 78%也都是水，骨里面也有水。人身所出的水也很多，口涎、便溺、汗、鼻涕、眼泪等都是。皮肤毛管，时时出气，气就是水。用脑的时候，脑气运动，也是出水。统计人身所出的水，每天七十五两。若不饮水，腹中的食物渣滓填积，多则成毒。果能时时饮水，可以澄清肠脏腑的积污，可以调匀血液使之流通畅达，一无疾病。”这一篇话，自然是根据生理学而谈。于此可见，水的问题对于人生更密切了。

然而，一杯水可以活人，一杯水也可以杀人。水可以解毒，也可以致病。于是水可以分为清水和浊水两种，清水固不易多得，浊水更不可不预防。

18 世纪中，英国大化学家卡文迪许氏在试验氢与氧的合并时，得到了纯净的水。后来法国大化学家拉瓦锡氏证实了这个实验，于是我们知道水是氢和氧的化合物。这种用化学法来综合而成的水,当然是极纯净极清洁的了。然而这种水实在不可多得,只好用它作清水的标准罢了。

一切自然界的水,多少总含有一些外物。外物愈多则水愈浊,外物愈少则水愈清。这些外物里面,不但有矿物,如普通盐、镁、钙、铁等的化合物之类,还有有机物。有机物里面,不但有腐烂的动植物,还有活的微生物。微生物里面,不但有普通的水族细菌,如光菌、色菌之类,还有那些专门害人的病菌,如霍乱弧菌、伤寒杆菌、痢疾杆菌之类。

自然界的水的来源,可分为地面和地心两种。地面的水有雨水、雪水、雹、冰、浅井、山泽、江河、湖沼、海洋等。地心的水就是深井的泉水。

雨水应当是很干净的啰。然而当雨水下降的时候,空气中的灰尘愈多,所带下来的细菌也愈多。据巴黎门特苏里气象台的报告,巴黎市中的空气,每一立方米含有6040个细菌,巴黎市中的雨水,每一公升含有19 000个细菌。在野外空旷之地,每一公升的雨水,不过有一二十个细菌。

雪水比雨水浊,这大约是因为雪块比雨点大,所冲下的灰尘和细菌也较多吧。然而巴斯德曾爬上阿尔卑斯山的最高峰去寻细菌,那儿的空气极清,终年积雪,雪里面几乎是完全无菌的了。

雹比雨更浊。1901年的7月,意大利拍杜亚地方下了一阵大雹,据白里氏检查的结果,每一公升雹水至少有140 000个细菌。这或是因为那时空气动荡得很厉害,地上的灰尘吹到云霄里去,雹是在那里结成的,所以又把灰尘包在一起,带回地上了。

冰的清浊,要看是哪一种水结成的。除了冰山冰河而外,冰都是不大干净的啊,因为在冰点的低温度,大多数的细菌都能保守它们的生命啊。

浅井的水,假如井保护得法,或上设抽水机,细菌还不至于太多。若井口没有盖,一任灰尘飞入,那就很污浊了。

山涧的水,不使粪污流入,较为清净,所含的微生物,多是土壤细菌,于人无害,但经一阵大雨之后,细菌的数目立刻增加了好几倍。

江河的水最是污浊,那里面不但有很多水族细菌和土壤细菌,而且还有很多的粪污细菌,这些粪污细菌都有传染疾病的危险呀。粪污何以曾流入江河里面呢?这都是因为无卫生管理,无卫生教育,于是一般无训练的民众都认了江河是公开的垃圾桶,在这一个大错之下,不知枉送了多少生命呀。

湖沼的水比江河为净。水一到了湖就不流了,因为不流,那儿无数的细菌都自生自灭,所以我们说湖水有自动洗净的能力,而以湖心的水比傍岸的水尤为清净少菌。

海水比淡水为净。离陆地愈远愈净。1892 年英国细菌学家罗素氏在那不勒斯海湾测验的结果,在近岸的海水中,每一立方厘米有 7 万个细菌,离岸 4000 米以外,每一立方厘米的海水,只有 57 个细菌了。在大海之中,细菌的分布很平均,海底和海面的细菌几乎是一样的多。

由地心涌出的泉水和人工所开掘的深井的水是自然界最清净的水。据文斯洛氏的报告,波士顿的 15 个自流井,平均每一立方厘米只有 18 个细菌。水清则轻,水浊则重。清高宗曾品过通国之水,以质之轻重,分水之上下,乃定北平海淀镇西之玉泉为第一。玉泉的水有没有细菌,我们没有试验过,就有,一定也是很少很少的了。

水的清浊有点像人,纯洁的水是化学的理想,纯洁的人是伦理学的理想,不见世面,其心犹清,一旦为社会灰尘所熏染,则难免不污浊了。

清水固然可爱,然而有时偶尔含有病菌,外面看去清澈无比,里面却包藏祸心，这样的水是假清水，这样的人是假君子，其害人也而人不知，反不如真浊水真小人之易显而人知预防。

而且浊水，去其细菌，留其矿质，所谓硬性的水，饮了，反有补于人身哩。

化学工作上，常常需要没有外物的清水。于是就有蒸馏水的发明，一方将浊水煮开，任其蒸发，一方复将蒸汽收留而凝结成清水。这种改造的水比较的是很清净无外物的了。

医学上用水，不许有一粒细菌芽孢的存在。于是就有无菌水的发明。这无菌水就是将装好的蒸馏水放在杀菌器里消灭，将水内的细菌一概杀灭。这样人工双重改做过的水，是我们今日所有最纯净的清水了。

浊水还可以改造为清水，人呢？

细菌学的第一课

《读书生活》的编者要我写一篇生活记录。我想一想，我过去生活，自己以为最值得写出来的，还是在美国芝加哥大学研究细菌学的那几年。但是若都把它记录出来，要成一部书。所以只拣出第一天上"细菌学的第一课"时情景，一一追述，比较浅显而易见，使读书好像也站在课堂和试验室的门口，或踮着脚尖儿站在玻璃窗前面，望望里面，看看有什么好看，听听讲些什么，也不至于白费这一刻读的工夫罢了。关于细菌学，我已在《读书生活》第二卷第二期起，写过一篇《细菌的衣食住行》。此后仍要陆续用浅显有趣的文字，将这一门神秘奥妙的科学，化装起来，不，裸体起来。使它变成不是专家的奇货，而是大众读者的点心兼补品了。细菌学的常识的确是有益于卫生的补品，不过要装潢美雅，价钱便宜，而又携带轻便，大众才能吃，才肯吃，才高兴吃，不然不是买不起，就是吃了要头痛胃痛呀！

立克馆在芝加哥大学，是美国最老的细菌学府，是人类和恶菌斗争的一个总参谋机关。

1926 年的夏天，那天我正在立克馆第七号教室，上细菌学的第一课，同班只有两个美国哥儿，两个美国小姐，一个蜷发厚唇的美洲黑人，连我共六人。大家都怀着新奇的希望，怀着电影观众紧张的心理,心里痒痒地等候着铃声。铃声初罢,一位戴白金丝眼镜的人,穿着白色医生制服,踏着大学教授的步子进来了,手里还抱着一大包棉花。

“细菌学是一个新生的科学婴孩呀……二百六十年以前有一位列文虎克先生,列文虎克先生是荷兰人呀,他顶会造显微镜,他造的显微镜比别人都好呀……巴斯德先生看见一个法国小孩子被疯狗咬了,心里很难过……柯赫先生发现了结核杆菌,德国的民众都欢天喜地,全欧洲都庆贺他,全世界都感激他……现在日本有一位野口博士亲身到非洲去,得了黄热病,就拿自己的血来试验……我们立克馆的馆长,左当博士也是一个细菌学的巨头,没有他和他的同事的努力,巴拿马运河是建不成功的呀;没有他,芝加哥的水仍会吃人的呀……”他娓娓动人地说了一大篇。

“现在我要教你们做棉花塞。”他一边解开棉花一边换一个音调继续说,“棉花塞虽是小技,用途很大,我们所以能寻出种种病原菌,它的功劳就不小,初学细菌学的人第一件要先学做棉花塞。原来棉花有两种:一种好比海绵,见了水就淋淋漓漓地湿做一团;一种好比油布,沾一点水不至全湿。我们要用第二种。拿一些不透水的棉花,捏做一丸,塞进玻璃管玻璃瓶的嘴,三分留在外面,七分塞进里面,不松不紧,这样便可划成了内外两个世界,外界的细菌不得进去,内界的细菌不得出来。若把内界的细菌用热杀尽,内存的食品就永远不臭不坏。”说到这里他将棉花分给我们六人各自练习。此时窗外的热气腾腾,窗内的热汗滴滴,我一面试做棉花塞,一面品味白衣教授的话。

我们每人都塞满了一篮的玻璃瓶试管了。接着他就吩咐我们每人都去领一架显微镜,再到第十四号试验室里会齐。

我刚从仪器储藏室的小柜台口领到一件沉重的暗黄色木箱子,一手提嫌太重,两手提嫌太笨,后来还是两手分工轮流着提。

回到了立克馆,出了一身汗,进了第十四号试验室,看见同班人都穿了白色制服,坐在那长长的黑漆的试验桌前面,有的头在俯着看,有的手在不停地拭,每一位桌上都装有一个电灯和一个自来水龙头。我也穿了白衣,打开我的木箱子,取出一件黑色古董,恭恭敬敬地把它放在桌上。

在这时候进来一个矮胖子,神气不似教授,模样不似学生,也穿着白色制服,手里捧着一个铁丝篮,篮里装满了有棉花塞的玻璃试管,跟着他的后面的就是那位白衣教授。

我也不顾他们了,醉心地玩弄我的黑色古董。那黑色古董,远看有点像高射炮,近看以为是新式西洋镜。上面有一个圆形的抽筒可以升降;中间有一个方形的镜台可以前后摇摆左右转动;下面是一个铁蹄似的座脚;全身上下大大小小共有六七个镜头;看起来比西洋镜有趣多了。忽然从我的左肩背后伸过来一双毛手,两指间夹着一个有棉花塞的试管,盛着半管的黄汗。

"请你抽出一点涂在玻璃片上,放在镜台上看吧。"这是白衣教授的声音,于是我就照着他所指导的法子,一步一步地做去。

"这是像一串一串的黑珠呀。"我用左眼,又用了右眼,一边看一边说。

"我看的这一种像葡萄呀。"一位鹰鼻子美国哥儿的声音。

"我所看的像钓鱼的竹竿。"黑人说。

"这有点像马铃薯呀。"那位黄金发的小姐说。

"我的上帝呀! 这像什么呢?"我隔壁那位玳瑁眼镜的美国哥儿忽然立起来对我说,"密司脱高,请你看看,这一种细菌东歪西斜不是很像中国字吗?"

"这倒像你们西洋人偶尔学写中国字所写的样子哩,我们中国字是方方正正没有那么歪歪斜斜呀。"我看了一看就笑着说。

还有一位美国小姐没有做声,忽然啪嚓一声她的玻璃片碎了。

于是白衣教授就走近她的位子郑重地说：

“我们用显微镜来观察细菌的时候，要先将那抽筒转到最下面至与玻璃片将接触为止，然后，在看的时候，慢慢地由低升高，切不可由高降低，牢记这一点道理，玻璃片再不至于破碎，镜头也不至于损坏了。”

那位小姐点着头，红着脸，默默地收拾残碎的玻璃片。

看过了细菌，白衣教授又领了我们六人出了试验室，走不到几步便闻见一阵烂肉的臭气，夹着一种厨房的气味，刚推进第十八号的一扇门，那位矮胖子又出现了，正坐在那大大长长粗粗的黑桌子旁边，左手里握着四只玻璃试管，右手的大二两指捏着长圆形的玻璃漏器下面的夹子，一捏一捏的，黄黄的肉汁，就从漏器中泻到那一只一只的试管里面。他的动作很快，很纯熟，满桌满架上排着的净是玻璃管、玻璃瓶、玻璃缸、玻璃碟，或空或满，或污或洁，大大小小，形形色色，更有那一筒一筒的圆铁筒，一篮一篮的铁丝篮，一包一包的棉花和其他零星的物件，相伴相杂。满房里充满了肉汁和血腥的气味。

“这一个大蒸锅里面煮的是牛肉汤，”白衣教授指着另一张桌上一只大铜锅，锅底下面呼呼地烧着大煤气炉，“牛肉汤加上琼脂（琼脂是一种海草，煮化了会凝结成一块）就变成牛肉膏，再加上糖变成蜜饯牛肉膏，或加上羊血变成羊血牛肉膏，或加上甘油变成甘油牛肉膏，又甜又香又有肉味，此外还预备有牛奶、鸡蛋、牛心、羊脑、马铃薯等等，这些都是上等补品。我们天天请客，请的是各处来的细菌，细菌吃得又胖又美，就可以供我们玩弄，供我们实验了……”

他没有说完，在他背后那个角落上，我又发现了一个新奇庞大长圆形横卧在铁架上的一个黄铁筒，仿佛像火车头一般，上面没有那突出的烟筒和汽笛，但有一个气压表、一个寒暑针、一个放气管插在上面,筒口有圆圆的门盖,半开半闭,里面露出一只装满了玻璃试管的铁丝篮。后来他告诉我们这是“热压杀菌器”,用高压力的蒸汽去杀尽细菌。

他推开后面那一扇门,让我们一个个踏进去。不得了,这里有动物的臭气腥味冲进鼻子里。

一阵猫的尿气,一阵老鼠的屎味,一阵兔毛拌干草的气味,若不是还有一阵臭药水的味,鼻子就要不通气了。这里有更多更大的铁丝篮,整齐地分为两旁,一层一层一格一格地排着,每篮都有号数。篮中的动物看见我们走近,兔子就缩头缩耳地往后退却,猴儿就张着眼睛上下眺望,猫儿就伸出爪,小白老鼠东窜西窜,还有那些半像猪半像鼠的天竺鼠正吃萝卜不睬我们哩。

“这些动物都是人类的功臣,”那教授又扬着声音说了,“代我们病,代我们死,病菌生活的原理,都是用它们来查的啊。我们天天忙着,不是山羊抽血,就是豚鼠打针,不是老鼠毒杀,就是兔子病死,不是猫儿开刀,就是猴子灌药,手段未免过辣,成效却非常伟大,现代医学的进步不知牺牲了多少这些小畜生啊!……”

他说完了,又引我们看了后面的羊场。一只大母羊三只小山羊见了我们来提起腿就跑。

出来我们又参观了冰箱和暖室,他又指示我们每人的仪器柜和衣服柜,我们就把木箱子的古董锁在仪器柜里面,脱了白衣锁在衣服柜里面。此时一切的臭味腥气都被新奇的幻想所冲散了。

出了立克馆就是爱立思街,街上来来往往都是高鼻子的男女学生,唱着歌儿,呼着哈啰,说说笑笑,哈哈嘻嘻的,夹着书本,迈着大步走。我也杂在其间,心里在微微地笑,一步一步都欣然自得,像哥伦布发现了新大陆。

细胞的不死精神

细胞的不死精神

嘀嗒嘀嗒……嘀嗒又嘀嗒。

壁上挂钟的声音,不停地摇响,在催着我们过年似的。

不会停的啊!若没有环境的阻力,只有地心的吸力,那挂钟的摇摆,将永远在摇摆,永远嘀嗒嘀嗒。

苹果落在地上了,江河的潮水一涨一退,天空星球在转动,也都为着地心的吸力。

这是18世纪,英国那位大科学家牛顿先生告诉我们的话。

但,我想,环境虽有阻力,钟的摇摆,虽渐渐不幸而停止了,还可用我的手,再把发条紧一紧,再把钟摆摆一摆,又嘀嗒嘀嗒地摇响不停了。

再不然,钟的机器坏了,还可以修理的呀。修理不行,还可以拆散改造的呀。

我们这世界,断没有不能改良的坏货。不然,收买旧东西的,便要饿肚皮。

钟摆到底是钟摆,怕的是被古董家买去收藏起来,不怕环境有多么大的阻力,当有再摇再摆的日子。

地心的吸力,环境的阻力,是抵不住压不倒人类双手和大脑的一齐努力抗战啊。你看,一架一架各式各样的飞机,不是都不怕地心的吸力,都能远离地面而高飞吗?

这一来,钟摆仍是可以嘀嗒嘀嗒地不停了。也许因外力的压迫,暂时吞声,然而不断地努力,修理,改造,整个嘀嗒嘀嗒的声音,万不至于绝响的啊!

无生命的钟摆,经人手的一拨再拨,尚且永远不会停止;有生命的东西,为什么就会死亡?究竟有没有永生的可能呢?

死亡与永生,这个切身的问题,大家都还没有得到一个正确的解答。

在这年底难关大战临头的当儿,握着实权的老板掌柜们,奄奄没有一些儿生气,害得我们没头没脑,看见一群强盗来抢,就东逃西躲,没有一个敢出来抵抗,还有人勾结强盗以图分赃哩。真是1935年好容易过去,1936年又不知怎样。不知怎样做人是好,求生不得,求死不能,生死的问题愈加紧迫了。

然而这问题不是悄悄地绝望了。

我们不是坐着等死,科学已指示我们的归路,前途。

我们要在生之中探死,死里求生。

生何以故会生?

生是因为,在天然的适当环境之中,我们有一颗不能不长,不能不分的细胞。

细胞是生命的最小最简单的代表,是生命的起码货色。不论是穷得如细菌或阿米巴,一条性命,也有一粒寒酸的细胞,或富得像树或人一般,一身也不过多拥几万万细胞罢了。山芋的细胞,红葡萄的细胞,不比老松老柏的细胞小多少。大象、大鲸的细胞,也不比小鼠、小蚁的细胞大多少。在这生物的一切不平等声浪中,细胞大小肥瘦的相差,总算差强人意吧。

这细胞,不问它是属于哪一位生物,落到适合于它生活的肉汁、血液,或有机的盐水当中,就像磁石碰见铁粉一般的高兴,尽量去吸收那环境的滋养料。

吸收滋养料，就是吃东西，是细胞的第一个本能。

吃饱了，会涨大，涨得满满大大的，又嫌自己太笨太重了，于是不得不分身，一分而为二。

分身就等于生孩子，是细胞的第二个本能。

分身后，身子轻小了一半，食欲又增进了。于是两个细胞一齐吃，吃了再分，分了又吃。

这一来，细胞是一刻比一刻多了。

生物之所以能生存，生命之所以能延续下去，就靠着这能吃能分的细胞。

然而，若一任细胞不停地分下去，由小孩子变成大人，由小块头变成大块头，再大起来，可不得了，真要变成大人国的巨人，或竟如希腊神话中的擎天大汉，或如佛经中的须弥山王那么大了。

为什么，人一过了青春时期，只见他一天老过一天，不见他一天高大过一天呢？

是不是细胞分得疲乏了，不肯再分呢？有没有哪一天哪一个时辰，细胞突然宣告停业了倒闭了呀？

细胞的靠得住与靠不住，正如银行商店的靠得住与靠不住，不然，人怎么一饿就瘦，再饿就病，久饿就死呢？不是细胞亏本而涅槃吗？那么，给它以无穷雄厚的资源，细胞会不会超过死亡的难关，而达于永生之域呢？

这是一个谜。

这个谜，绞尽了几十个科学家的脑汁，费光了好几位生理学者的心血，终于是打破了。

1913 那一年，有一天，在纽约，在那一所煤油大王洛氏基金所兴建的研究院里，有一位戴着白金眼镜的生理学者，葛礼博士，手里拿着一把消毒过的解剖刀，将活活的一只童鸡的心取出，他用轻快的手术，割下一小块鲜红的心肌肉，投入丰美的滋养汁中，放在一个明净的玻璃杯里面。立刻下了一道紧急戒严令，长期不许细菌飞进去捣乱，并且从那天起，时时灌入新鲜的滋养汁，不使那块心肌肉的细胞有一刻饿。

自那天起，那小小一块肉胚，每过了二十四个钟头，就长大了一倍，一直活到现在。

前几年，我在纽约城，参观洛氏研究院，也曾亲见过这活宝贝，那时候已经活了十六年了，仍在继续增长。

本来，在鸡身内的心肉，只活到一年，就不再长大了。而且，鸡蛋一成了鸡形，那心肉细胞的分身率，就开始退减了。而今这个养在鸡身以外的心肉细胞，竟然已超过了死亡的境界，而达到永生之域了。至少，在人工培养之中，还没有接到它停止分身的消息啊！

葛礼博士这个惊人的实验证实了细胞的伟大。

细胞真可称为仙胞，它有长生不死的精神与力量。只可惜为那死板板的环境所限制。一颗细胞，分身生殖的能力虽无穷，恨没有一个容纳这无穷之生的躯壳，因而细胞受了委屈，生物都有死亡之祸了。

说到这里，我又记起那寒酸不过，一身只有一粒细胞的细菌。它们那些小伙伴当中，有一位爱吃牛奶的兄弟，叫做“乳酸杆菌”。当它初跳进牛奶瓶里去时，很显出一场威风，几乎把牛奶的精华都吃光了。后来，谁知它吃得过火，起了酸素作用，大杀风景了。因为在酸溜溜的奶汁里，它根本就活不成。

这是怪牛奶瓶太小，酸却集中了。设使牛奶瓶无限大，酸也可以散至乌有之乡去。那杆菌也可以生存下去了。

这是细菌的繁殖，也受了环境的限制。

环境限制人身细胞的发展，除了食物和气候而外，要算是形骸。

形骸是人身的架子,架子既经定造好了,就不能再大,不能再小,因而细胞又受着委屈了。

据说限制人身细胞的发展,还有内分泌咧。

内分泌,这稀奇的东西,太多了也坏事,太少了也坏事,我们现在且不必问它。

用人手一拨,钟摆可以不停。

用人工培养,细胞可以永生。

土壤世界

——土壤里的一群小战士

土壤是个大战场，日日夜夜都在进行着非常激烈的生命斗争。参加作战的，除了形形色色的动物和植物外，还有庞大的微生物大军。它们的数量大得惊人，根据最新的估计，在每一克重的土壤里，它们的数量可以达到一亿到十亿之多，其中以细菌部队的力量最为雄厚和活跃。

一般说来，在生命活动的竞赛中，细菌部队是以数量多、繁殖快和发酵能力强获得优胜的。在自然界里，哪里有有机物和水分，哪里就有细菌存在。

土壤是细菌的根据地，每一颗湿润的土粒，都是它们的集中场所。它们的繁殖非常快，一遇到可吃的东西，就一而二，二而四，四而八……一直分裂下去，大约每隔二十分钟就分裂一次。但是，它们繁殖得快慢，还要由环境的条件来决定。

第一，要看土壤的酸碱度。一般细菌都适应在略带碱性的土壤里居住。在这种土壤里，它们能繁殖得更快。如果土壤变成酸性，它们的活动就减弱了。

第二，要看季节，这是和温度有关的。有些细菌适应温热；有些细菌适应寒冷；但大部分的细菌都是适应在正常的气候里繁殖，所以它们的生命活动,以春秋二季最为活跃。

第三,要看湿度。在干燥的土壤里,细菌活动大受限制,湿度在50%—70%左右,最利于细菌的生长繁殖。

第四,要看氧气的供应情况。有些细菌需要足够的氧气才能生活,这类细菌叫做“好气菌”;有些细菌不需要氧气,在有氧气的环境里,反而不能生存,这类细菌叫做“嫌气菌”。

当细菌部队参加土壤的战斗的时候,会给农作物带来什么影响呢?

有许多种有机质或有机肥料,植物不能直接吸收,这就必须经过细菌的作用,把它们分解,使它们变成植物可以吸收的状态。例如硝酸盐就是这样产生出来的。

有些细菌的活动,可以把空气中的氮固定起来,成为植物所需要的氮素肥料;有些细菌可以把土壤中不易溶解的无机盐类都溶解掉,帮助植物获得无机养料中的某种元素,例如磷等。

还有些细菌,由于新陈代谢的结果,能把有机质变为腐殖质,产生了一种有机酸,可以把土壤的粒子胶结起来,变成稳固的团粒,提高土壤的肥力。

植物在它们发育生长的过程中,有的时候还能吸收抗生素和维生素,这些有机物质,是由其他微生物如真菌和放线菌等所分泌出来的。

但是,也有些微生物的作战,对于植物的生存,起了破坏的作用。这些微生物,有的因为吃得过火,把土壤中的硝酸盐和硫酸盐都还原了,使植物不能利用;有的减低了根系的氧的浓度,造成了对于植物生长不利的环境;有的甚至产生了危害植物生命的毒素;更有的简直盘踞在植物上面使农作物发生了病害。

怎样使土壤微生物的生命活动朝着有利于农业增产的方向发展?这是目前正在研究的问题。这个问题,有一部分已经由细菌肥料的施用而解决了。

细菌肥料种类很多,如根瘤菌和固氮菌等都是最常用的。它们都能吸收空气中的氮,把它固定起来,变成植物的养料。细菌肥料,可以用人工的方法来培养,这是科学参加土壤的战斗以后的事。

让那些有益的菌种——土壤里的一群小战士,发挥它们最大的效用,为农业生产服务吧!

水的改造

水,在它的漫长旅途中,走过曲折蜿蜒的道路,它和外界环境的关系是错综复杂的,因而水里时常含有各种杂质,杂质越多水就越污浊,杂质越少水就越清净。

纯洁毫无杂质的水,在自然界中是没有的,只有人工制造的蒸馏水,才是最纯洁的水。蒸馏的方法是:把水煮开,让水蒸气通过冷凝管重新变成水,再收留在无菌的瓶罐中,这样,所有的杂质都清除了。蒸馏水在化学上的用途很广,化学家离不开它;在医院里、在药房里、在大轮船上,它也有广泛的应用。

水里面所含的杂质如果混有病菌或病原虫,特别是伤寒、霍乱、痢疾之类的病菌,那就十分危险了。所以没有经过消毒的水,再渴也不要喝。

为了保证居民的饮水卫生,水的检查就成为现代公共卫生的一项重要措施。在大城市里,水每天都要受到化学和细菌学的检验,这是非常必要的。在农村里,井水和泉水最好也能每隔几个月检验一次。

水经过检查以后,还必须进行一系列的清洁处理。我们的水源有时混进粪污和垃圾,这就是危险的根源。

一般说来,上游的水比下游的水干净,井、泉的水比江、河的水干净，雨水又比地面的水干净。

江河的水都是拖泥带沙，十分混浊，所以第一步要先把水引进蓄水池或水库里聚集起来，让它在那儿停留几个星期到几个月之久，使那些泥沙都沉积到水底，水里的细菌就会大大地减少。

但是，总免不了有一些微小的污浊物沉不下去，这就需要用凝固和过滤的方法，把它们清除掉。

凝固的方法：把明矾或氨投在水中，所有不沉的杂质都会凝结成胶状的东西被清除出去。

过滤的方法：强迫污浊的水通过沙滤变成清水。这样做，有90%的细菌都被拦住。

至于还有一些漏网的细菌，那就必须进一步想办法加以扑灭。

这就是空气澄清法和氯气消毒法。

空气澄清法，就是把水喷到空中，让日光和空气把它澄清。

氯气消毒法，就是用氯气来消毒水。氯气是一种黄绿色的气体，化学家用冷却和压缩的方法把它制成液体。氯气有毒，但是，一百万份水里加进四五份液体氯，对于人体和其他动物是无害的，而细菌却被完全消灭了。

氯气在水里有气味，有些人喝不惯这样的水。近来有人提倡用紫外光线来杀菌，这样，水就没有气味了。

有时候，水的气味不好，是水中有某种藻类繁殖的结果。在这种情形下，我们可以在水里稍许加些硫酸铜，就能把藻类杀尽。硫酸铜这种蓝色的药品，对于人类也是很有毒的，但是在三千吨水里，只加五公斤硫酸铜，那就没问题。

为了消灭水里的气味，又有人用活性炭，它能把水里的气味全部吸收，而且很容易除掉。

经过清洁处理的水，是怎样输送到各用户手里去的呢？它必须通过大大小小的水管，经过长途的旅行，然后才能到达每一个机关、工厂和住宅，人们把水龙头拧开，水就淙淙地奔流出来了。

由于地心引力的影响，水都是从高处流向低处的，所以蓄水池和水库必须建筑在高地上，如果用井水和泉水做水源，那就必须用抽水机把水抽送到水塔里去，水塔一定要高过附近所有的建筑物，才能保证最高一层楼的人都有水用。

灰尘的旅行

灰尘是地球上永不疲倦的旅行者,它随着空气的动荡而飘流。

我们周围的空气,从室内到室外,从城市到郊野,从平地到高山,从沙漠到海洋,几乎处处都有它的行踪。真正没有灰尘的空间,只有在实验室里才能制造出来。

在晴朗的天空下,灰尘是看不见的,只有在太阳的光线从百叶窗的隙缝里射进黑暗的房间的时候,可以清楚地看到无数的灰尘在空中飘舞。大的灰尘肉眼固然也可以看得见,小的灰尘比细菌还小,就用显微镜也观察不到。

根据科学家测验的结果,在干燥的日子里,城市街道上的空气,每一立方厘米大约有十万粒以上的灰尘;在海洋上空的空气里,每一立方厘米大约有一千多粒灰尘;在旷野和高山的空气里,每一立方厘米只有几十粒灰尘;在住宅区的空气里,灰尘要多得多。

这样多的灰尘在空中游荡着,对于气象的变化发生了不小的影响。原来灰尘还是制造云雾和雨点的小工程师,它们会帮助空气中的水分凝结成云雾和雨点,没有它们,就没有白云在天空遨游,也没有大雨和小雨了。没有它们,在夏天,强烈的日光将直接照射在大地上,使气温不能降低。这是灰尘在自然界的功用。

在宁静的空气里，灰尘开始以不同的速度下落，这样，过了许多日子，就在屋顶上、门窗上、书架上、桌面上和地板上铺上了一层灰尘。这些灰尘，又会因空气的动荡而上升，风把它们吹送到遥远的地方去。

1883年，在印度尼西亚的一个岛上，有一座叫做“克拉卡托”的火山爆发了。在喷发的时候，岛的大部分被炸掉了，最细的火山灰尘上升到八万米——比珠穆朗玛峰还高八倍的高空，周游了全世界，而且还停留在高空一年多。这是灰尘最高最远的一次旅行了。

如果我们追问一下，灰尘都是从什么地方来的？到底是些什么东西呢？我们可以得到下面一系列的答案：有的是来自山地的岩石的碎屑，有的是来自田野的干燥土末，有的是来自海面的由浪花蒸发后生成的食盐粉末，有的是来自上面所说的火山灰，还有的是来自星际空间的宇宙尘。这些都是天然的灰尘。

还有人工的灰尘，主要是来自烟囱的烟尘，此外还有水泥厂、冶金厂、化学工厂、陶瓷厂、锯木厂、纺织工厂、呢绒工厂、面粉工厂等，这些工厂都是灰尘的制造所。

除了这些无机的灰尘而外，还有有机的灰尘。有机的灰尘来自生物的家乡。有的来自植物之家，如花粉、棉絮、柳絮、种子、芽孢等，还有各种细菌和病毒。有的来自动物之家，如皮屑、毛发、鸟羽、蝉翼、虫卵、蛹壳等，还有人畜的粪便。

有许多种灰尘对于人类的生活是有危害性的。自从有机物参加到灰尘的队伍以来，这种危害性就更加严重了。

灰尘的旅行，对于人类的生活有什么危害性呢？

它们不但把我们的空气弄脏，还会弄脏我们的房屋、墙壁、家具、衣服以及手上和脸上的皮肤。它们落到车床内部，会使机器的光滑部分磨坏；它们停留在汽缸里面，会使内燃机的活塞发生阻碍;它们还会毁坏我们的工业成品,把它们变成废品。这些还是小事。灰尘里面还夹杂着病菌和病毒,它们是我们健康的最危险的敌人。

灰尘是呼吸道的破坏者,它们会使鼻孔不通、气管发炎、肺部受伤,而引起伤风、流行性感冒、肺炎等传染病。如果在灰尘里边混进了结核菌,那就更危险了。所以必须禁止随地吐痰。此外,金属的灰尘特别是铅,会使人中毒;石灰和水泥的灰尘,会损害我们的肺,又会腐蚀我们的皮肤。花粉的灰尘会使人发生哮喘病。在这些情况之下,为了抵抗灰尘的进攻,我们必须戴上面具或口罩。最后,灰尘还会引起爆炸,这是严重的事故,必须加以防止。

因此,灰尘必须受人类的监督,不能让它们乱飞乱窜。

我们要把马路铺上柏油,让喷水汽车喷洒街道,把城市和工业区变成花园,让每一个工厂都有通风设备和吸尘设备,让一切生产过程和工人都受到严格的保护。

近年来,科学家已发明了用高压电流来捕捉灰尘的办法。人类正在努力控制灰尘的旅行,使它们不再成为人类的祸害,而为人类的利益服务。

生物界的小流氓

细菌的毒素

毒,毒,毒!一切的传染病,都是我们身体中了毒。中的或是毒菌喷出来的毒,或是毒菌造成的毒,或是我们自身的细胞死亡之后而变成的毒,统观起来,都是一种化学的反应。

传染病,虽然复杂,把它归纳起来,也可以成了一个化学的公式:毒+身=病。也可以成了一个战争的公式:毒菌打了败仗,人得胜了,病就好了;反之,毒菌打了胜仗,那就坏事了。

毒菌用什么来打仗呢?

它们的花样可真多。这之间,最显著的就是毒素。有时候,还只徒手空拳,靠着它们的群力,蛮干。这是后话不提。

现在,先谈这毒素吧。

这毒素的发现,是从1888年,巴斯德的两个学生,路爱美和岳新,寻出了白喉杆菌的毒素起。在1891年,有一位日本科学家,北里先生,在德国柯赫的研究室里,又发现了破伤风杆菌的毒素。从此研究毒素的人,就渐渐多了。

毒素攻人的第一招,是先打破人身的门户作为根据地,而后遣送它们的军队,节节进攻,有时竟不用一兵一卒,只坐在那根据地上,连续施放它们的毒素。因此,病初起的时候,我们先觉着,一阵头晕、喉痛,打了两个喷嚏,咳了几声嗽,接着不是肚子痛,要泻要吐，就是手足酸软，这块肿，那块痒，全身发抖了，全身发烧了。抖是毒菌在血液里狂奔；烧是人身热烈的抵抗。这是病的战场上的鸟瞰。

人身的各组织器官，因为生理上的结构不同，有的容易受毒菌的侵害，有的顽强抵抗，威武不能屈。

肺就是一个弱者，所以有多种毒菌，都要往这里进攻。

胃是一个强者，有那酸酸的消化汁，毒菌都要像落汤鸡一般浸死了。然而它们的毒素却厉害，未必甘为胃酸所消除。

皮肤也是强者，但一有伤口就危险了。何况还有蚊子臭虫的刺，常为毒菌所利用。

虽然，毒菌的暴力，也不是个个都一样，它们就是从同一的门口打进去，而后来进攻的路线，也不一定相同。

有脑膜炎球菌，有肺炎球菌，有溶血链球菌，这三队毒菌的兵马，都是打鼻孔进去，到了鼻咽聚齐，以后就分途了。

有的到了头盖里面，成为脑膜炎。有的进攻中耳，成为中耳炎。有的占据了扁桃腺，成为急性扁桃腺炎。有的冲陷了肺，成为肺炎。有的就在鼻房捣乱，成为鼻窦炎。

皮肤上，有时也来了三批强盗：一名黄葡萄球菌，一名炭疽杆菌，还有一名就是那溶血链球菌。但皮肤受了它们侵害的伤状，却也不一致。

就说结核杆菌吧。它是迟钝而又贪吃的一种毒菌，不论人身的哪一块肉，一给它吃上口了，就吃个不休，一经它吃过之后，就结成一节一节的核儿，这是它和别的毒菌不同的特点。

目的都是在侵略，在屠杀人身的细胞，在夺取人家完整的躯体，就用得着这许多不同的战术吗？

这也许是因为它们各有不同的怪癖，不同的特性；这也许是环境的适应，它们走熟了那一条路线，就老往那一方向进攻；也许还有其他的原因;但是,现在我们知道,这有些的确是毒素的作用,毒菌的势力如何,就决定了它们的命运。

一切的毒菌都有毒素吗?这我们还没有找到完全的证据。

一切的毒素都有特性吗?不,这是不一定的。

然而,在没有法子去完全分析各种毒素的化学结构之前,对于它们的认识,只能看着它们的作用,它们行动的表现罢了。

因此,在从前,就有好些人发生误会了:以为毒菌的毒素和肉毒、尸毒是一类的了。这些肉毒、尸毒,就是普遍无害的细菌,也会大量产生。这些没有侵略性的毒,那我们是不必怕的。至于毒素,乃是毒菌所特有,是毒菌这小帝国主义的凶器。

毒菌制造毒素的原料,就是我们的细胞。它们榨取了我们细胞的膏脂,变成了凶恶的毒素,来毒杀我们人类。

我们人类中,居然也有些人,看出它们的狡计,也依样画葫芦的,在试验室中,如法炮制起毒素来了。

不过,我们的毒素制造所,是把捕来的毒菌,关在亮晶晶的玻璃瓶里,喂以牛肉汁,它们吃饱了,就由不得的,如蚕吐丝一般,不断地吐。

然而,这毒素仍是和那小魔王搅在一起,究竟怎样分出来呢?

倒有甲、乙、丙三种好办法。

甲:用精制的滤斗,强迫小魔王和毒素分家。

乙:用特种杀菌的手续,杀死小魔王,留下毒素。

丙:用一冷一热的方法,磨碎小魔王,榨出所有的毒素。

但是,乙丙两种的制法,毒素虽然得到了,却混有毒菌的尸身,还不及甲种的制法,菌是菌,毒是毒,来得干脆。

于是研究毒素的学者,都拿滤斗来滤毒菌了。他们造成种种式式的滤器,要滤尽天下的毒菌。

这滤器,真是科学的宝贝,也有点阴阳怪气,毒菌一到了那上面,都如触电一般地留住了,单单放毒汁流过去。

他们就拿了这毒汁,注射入兔子、猫、天竺鼠、小白鼠之类的小动物的体内,看着它们中毒的情况,就可看出毒素的性质如何。

可是,有时候竟不灵了。有的毒菌不肯轻易放出毒素,就许放出一些儿,又太微弱了。这些小动物们,都不动声色,嬉玩如故。滤过的牛肉汁,依旧是纯净的牛肉汁。

没有正面的答案,也是一种答案。于是科学家又发表了一篇理论:就把毒素分作两大类。

一类叫做"外毒素",凡滤而有所得的毒素,都算在内。这一类毒素的代表就是白喉杆菌、破伤风杆菌、腊肠毒杆菌等。

另一类叫做"内毒素",这是毒在内而不放,虽一滤再滤,终于无所得,直须磨碎菌身,毒性才现。属于这一类毒素的有伤寒杆菌、鼠疫杆菌、脑膜炎球菌等。

还有完全无毒的一般细菌,那又当别论了。

毒素是这样寻到了。

这在为人类而奋斗的科学战士,还要做进一步的研究,要发明抗毒的武器啊。

毒的分析

这世界有创造生命的力量在,也有毁灭生命的力量在。这两种矛盾的势力,永远是对立着的。

造物主也就是毁灭者。

他不断地在创造新生命,又不断地用水、火、旱、风、雷、电、地震、疾病、战争等,来毁灭他的作品。

他在正面的屠杀之外,又暗暗地呼唤一类凶险的东西,到他作品的内心去,爆炸起来。这一类的东西,现在统称做“毒”。

虽然,造物主不是自己打自己的嘴巴。他的眼光却是很远,他看出生命的永续,须以生物的循环变化为基本原则。新生命的诞生,是由旧生命的毁灭里跳出来的。

这样一说,毁灭和创造两势力,又是互相提携的了。

黑暗可是光明的同伴。痛苦可是快乐的朋友。死可是生的情人了。毒的面目,虽然凶险,它的目的,专在破坏,还是一种革命有功的力量哩。这些话,都是从毁灭者的立场着想。

但是,毒在一般人的心目中,自然是可怕的害人杀人的凶器。因此,我们对于它不能不留意啊!何况它现在又很时髦,什么毒气毒菌,这些音浪充满了我们的耳道。

害人杀人的凶器,式样虽有种种,据我看来,归纳在一起,只有两大帮吧。

一帮是靠着力气大，气焰高，有声有色，来势凶猛。这一帮的角色，如大刀、大炮、老虎、狮子等等，都是大奔大跳地明晃晃地从外头杀来。

一帮是靠着毒性烈，身子小，鬼鬼祟祟，来去无踪。这一帮的角色，如毒药、毒气、毒虫、毒菌等等，都是伏在暗中，趁人不备，投入人身，在里面发作。

这两帮凶器，有时也可以合制、兼用。

在旧时代有药箭，在新时代有达姆弹，在未来时代，将有更凶更毒的出现，那恐怕就是毒菌咧。

三国时，关公曾中了药箭，虽说是不怕痛而勉强饮酒下棋，可是，若没有华佗这医生的慕名而来，自愿替他刮骨疗毒，怕他早已性命难保了。药箭的厉害，不在于使人痛，而在于给人一个致命伤。

"一·二八"沪战时，据说我们的敌人也曾用过达姆弹。这凶器原是国际公约所禁用，因为用它，是太惨无人道了。本来不讲情面的战争，却又要拿人道的名义做幌子。于是就有人偷偷地用达姆弹了。这些人终怕杀人不彻底，而必须在武装之上加上毒装。

杀人的凶器愈演愈摩登了。于是就有人私议用毒菌了。

专恃力气大，杀人受了时间的限制。一刀只一个，一炮顶多数十个。

专恃毒性烈，杀人受了空间的限制。毒气虽可怕，一经空气的洗涤澄清，也就稀散消失了。

独有这毒菌，有力又有毒，看又看不见，杀人会传染，平时就杀人，战时更危险，如今战争又要利用它，真非蔓延不可了。

毒菌，毒菌，真厉害，真不好去惹它，真不要去动它，遇它之时须小心，何能再帮它来杀人？

它又不比煤毒、酒毒、鸦片毒那样的迷人。

它又不比铅毒、铜毒、砒毒、汞毒那样的笨重。

它又不比肉毒、尸毒、药毒及各种植物的毒那样的呆板。

这些毒,都是没有生气的,是死毒。而它却正在发育、传播,是有生命的毒啊。

有生命,它就有些像蛇的毒、蝎的毒、蜂的毒了。

然而,这些活毒,是由于它们在外头的一咬一叮,而注入我们的皮肤里面去,我们是看得见的。而它却是不知几时已混进我们人身的内部,去叮,去咬,去放出极强烈的毒。我们忍受着,没有法子想,在科学的抗敌战士没有达到的时候,就白白地毒死了。

死毒,没有生气的毒,结构简单些,我们今日都已知道它们的化学内容和物理性质了。

这些不瞒人的毒,到了人身的内部,就暴动起来,不是把细胞烧焦,就是使血液硬化,加重了肝与肾的工作,麻木了神经,迷醉了脑府,窒息了肺,终而心房的跳动停止了。

中毒的情形虽不一,发觉得早,还有对付的法子。如酸来碱救,碱来酸救,吃有机的碘(海藻之类)以化硬血,吞无机的碳粉以吸收肚子里的余毒;阿摩尼亚可以醒脑,司特克灵可以激动神经,人工呼吸可以治窒息,再不然打一针强心针,也可以暂时救救性命。这些都是医学的常识,以后当有再谈的机会。

活毒,有生机的毒,毒虫毒菌的毒,结构复杂些,又因不易得到纯粹的毒体,毒体上总是拖七带八地带些非毒的成分,因此它们的化学内容,它们的物理性质,虽经微生物学者多番苦心的分解,仍是有些决不定的。

有些学者猜它也是蛋白质之一种,不过是蛋白质戴上毒的帽子,穿了毒的衣裳,变成毒的绅士了。

蛋白质这怪物,到了我们的肚子里还好,到了我们的血液中,就常常引起不少的纠纷。据说我们的血液,乃至于全身上下一个个的细胞,除了可吃可用与可受同化的蛋白质以外,对于所有异种异族的蛋白质,是一概不欢迎的,又何况这突然冲进来的,带着侵略性的毒绅士呢?

不欢迎而强要进来,是会激起全身一致的抵抗的。

于是我们的血液,就临时产生了抗体,专为抵抗这些不受欢迎的蛋白质。

曾有人将许许多多相干和不相干的蛋白质,注射进试验室动物的血管里去,如牛奶、蛋白、血、血清、血球、毒素、蛇的毒液,植物的花粉、细菌,各种动物组织的分解物,乃至于马的蹄、牛的角、人的头发,如此等等。

这些杂物,到了血液里,如果愿受同化,就没有一些儿风波,相安无事了。

如果撒野起来,血液就要抵抗了,就要产生各式的抗体来抵抗了。

然而,有时抗体是不灵的,因而血液就恐慌了,战战栗栗地发抖了,且有性命的危险。这就是科学名词中所谓的“过敏现象”。这过敏,不是神经的过敏,而是血液的过敏。这问题,很有它的特色,可以写成一篇大文章,才能讲个明白,这里不过提一提罢了。

这也可以说是一般中毒的现象之一。中毒是血液对于外物的侵入,不抵抗或不能抵抗的结果。

一般的毒如是,毒菌的毒又另有它的花样。

毒菌的毒,现时流行的名词,都叫做毒素。这毒素,又有外毒素和内毒素两种。这在前一篇《细菌的毒素》中,已经说过了。

毒素这名词,我还以为欠分明。大概凡是毒,都可以制成素,又何况毒菌呢?而毒菌的毒,的确是站在毒的特殊阶级上。我们认真些,应叫它做“菌毒”“菌外毒”或“菌内毒”,等到在试验室里把它制成纯净的毒素时,再叫它做“菌毒素”不为晚。

在试验室里制成菌毒素了。于是科学家就拿它来注射入小白鼠、天竺鼠、兔子的身内了。

有一类的菌毒素,总使某种小动物病得稀奇,死得特别。是局部的抽筋吧,一百回总是局部的抽筋。是全身的肿胀吧,一百回总是全身的肿胀。他们就说,这种菌毒素,是有特性的。

恰恰这有特性的,又是用滤菌器所滤得过来的(见前篇),因此就认为这特具的病死现象,是菌外毒的一种标准了。

反之,菌内毒就会杀害这些小动物们,也是使它们病得没有异彩,死得平平凡凡罢了。

这些不同,是就质的方面而言。

量的方面呢?那又是菌外毒胜过菌内毒了。

据我们的实验,菌外毒,如破伤风毒菌的毒,它的烈性要比菌内毒,如脑膜炎毒菌的毒,强过了一百万倍哩。

然而,我们再提起抗体吧。菌外毒流到了血液里,会引起无数抗体热烈的反抗呀,因此我们就可以人工制造含有抗体的血清,来救救病人了。

“菌内毒”虽也会引起血里面的抗体,但那抗体的精神不好,力量微弱,专靠它来消毒,有些不灵了。

还有一件事,很值得我们注意,就是,菌外毒怕热,而且不能久存;菌内毒不大怕热,可以留存稍久。

热一过了60℃,不到六十分钟,菌外毒都要自动解散了。热一到120℃,经一小时以上,菌内毒也就渐渐消失了。

那么,毒菌也好,菌毒也好,外毒也好,内毒也好,我们一概以热攻毒,以热消毒,就得了。

散花的仙子

从春雷一响到西北风起时,一年中这一段大好的光阴,是生物茂盛的季节。像迎神赛会一般儿热闹,一队一队的,有根无根,有节无节,有壳无壳,有翅无翅,有脊无脊的生物,飞的,跑的,爬的,泅泳的,站着旁观的,躲在黑影里偷看的,或唱或叫或舞或跳,拥拥挤挤,在地球怀里游行。

五月是血腥的五月,今年又是预料的血腥年。军舰、飞机、大炮、坦克等都要出火了。

这些天真烂漫的生物游兴正浓。忽然霹雳一声,半空中战神发出了一个警号,说是人类要大厮杀了。这些生物听了,有的欢喜有的愁。

愁的是那些已经被人类征服了的生物。它们都已被剥削去了独立自主的能力,只得眼巴巴地望着人类来饲养。现在主子们自家闹翻了,它们怎的不发生恐慌?

欢喜的是那些素来和人类敌对的生物。这就是它们趁火打劫的好机会了。一批大宗的食粮就要送到口边了,哪有不显出高兴起来的样子呢!

当中尤快活煞了一群小飞仙。

它们是战神的干儿女,战车一到,就闻风起应。战神自然也处处替它们留心物色好食粮,大帮它们的忙。

在太平的日子,人类是很顾忌它们的,很讨厌它们的,差不多见一个就杀一个。在战时就来不及这样了。

它们生殖甚多甚快,出没无常,飞来扑去,使人家防不胜防。真是打死一个,又飞来一个,老打老是有。战争的环境更合于它们的生活,所以就来得更凶了。

它们屡用游击的战术,来抢夺人类的食物。不团结的人类真是没奈何它们。它们是污秽场上的飞仙,厨房菜馆里的游神。

又是仙,又是神,真个是天花乱坠,说得好听,请问这一群飞游的仙子有什么来历呢?它们所干何事呢?

英国的大诗人莎士比亚,在《仲夏夜之梦》那一篇剧本中,会把豆花、蜘蛛网、小飞蛾、芥子等扮成山林中的仙子。现在夏天虽还没有到,大大小小的花呀虫呀却都要上市了。尤其是我所提出的那一群,这时候正坐在茅厕坑上生蛋了。我就请它们扮一扮飞仙吧。现在先谈谈这飞仙的来历。

在生物的汪洋大海中,浮着无数奇形怪状的细胞岛。其间,有一岛,岛上的居民,身子都是那么一段一段的连接而成;内部的心肠虽是软绵绵的,外皮却如披上一层古战士的甲衣似的那么坚,又有那最特别的脚儿,三四节凑合在一起。因此这岛就叫做"节足岛"。

节足岛上有一个大湖,湖的主人是"甲壳"仙翁,它的属下有螃蟹、龙虾、小虾、水蚤诸仙童。

岛的陆地上的主人是"多足"仙翁。它的属下有"百足"仙童,有"千足"仙童。

岛之上有山,名叫"垃圾山",山里有洞,叫做"蜘蛛洞",洞主是蜘蛛仙姑,它的属下有小蜘蛛、八角虱、蝎诸仙子。

垃圾山的隙地和岛之天空充满了虫兵虫将,会爬会跳会飞,统率它们的主人是昆虫仙翁。

这仙翁与众不同,头部、胸部、腹部,穿得整齐分明,摇着一对触角儿,鼓着两双翅膀儿,伸着三副小脚儿,一呼一吸都由气管去支持。它的属下最多,可大约分为三十七群。

这些仙子们都曾来到人间作过法的,所以特地点出它们的名号。

和人类最有来往的,却是昆虫仙翁属下的一群飞仙,道号"双翅"飞仙。

它们最显明的标志,就是身旁插着的那两双美丽的小翅膀。它们在飞游的时候,只用了前面那一对翅,后面的一对因为用不着也就缩小而退化了。其余别群的昆虫仙子,似乎都没有它们那么活泼有力的翅,有的竟连残余的翅膀都不见了。

"双翅"飞仙有三房弟兄,它们的生活习惯各不相同。

有一回,它们在天空飞游,被东风吹到了人岛,人岛上的居民正在吃饭。

那大房的飞仙说:

"我要先吮那病人的血,再飞去叮那好人的皮肉,把那血里的病菌,送到那皮肉的下面。"

于是人岛上的人都恐慌了,大呼:"蚊子!蚊子!"

那二房的飞仙说:

"我要蹲在阴沟里早餐,再飞到冷茶盆上午饭。"

于是人岛上的人就讨厌了,大骂:"苍蝇!苍蝇!"

那三房的飞仙说:

"我要在腐肉上下蛋,到人的肠子里变蛆。"

人岛上的人看不见它,只觉着肚子里一阵一阵的作怪!

但我所谈那垃圾山上的飞仙,厨房里的游神,也就是指着那二房的飞仙"苍蝇仙子"啊。

苍蝇这龌龊的东西，任它修炼了几千万年，也进不了天宫，哪配称仙子？

在这极度混乱的时代，有多少好听的名词都成了相反意义的假托。明明是侵略，偏说亲善；明明是野蛮，偏说文明；明明是汉奸，偏做大官；明明是傀儡，偏号皇帝；如此等等，真是讲不清了。现在我也将样就样地把苍蝇化作仙子，也不算是侮辱了一般本来就是虚幻的大仙吧？

而且苍蝇仙子也会散花哩。

它们本为求食而来，食完了就踢下脚上所携无数的花儿蕊儿，布施给主人。

苍蝇的种类很多，所散的花也不少。

苍蝇的苍字是说它和苍天一色，然而这只是蝇属的一种罢了。还有那同黑夜一色的黑蝇；同绿茶一色的青蝇；同古铜一色的金蝇；专吃肉的肉蝇；专吃水果的果蝇；还有脸上现着红色的红脸蝇；花样可真多，苍蝇不过是它们的大众语。科学先生又叫它们的代表做家蝇。

它们自从来到了人间，晚上就伏在粪床、垃圾堆，或阴暗的角落里鼾睡，白天就成群结队地到小茶场、大茶馆、果子摊、冷食店、灶披间、饭厅等处游历，到处散花。

它们所散的花，大多数都是从粪园里带出来的。这里面有"杆菌"花，有"弧菌"花，有"球菌"花，有"丝菌"花，有"霉菌"花，有"原虫"的"胞囊"花，有"蠕虫"的"蛋"花。这些都是有毒有刺的花，散播起来，遂演成人类惨烈的大悲剧，传染病的悲剧。

这之间，尤以"痢疾杆菌"的花散得最多，最有特点。

痢疾随着苍蝇的繁荣而繁荣。

四月半至六月半是苍蝇下蛋之期，五月底痢疾便兴旺起来。九月半至十月半又是苍蝇的儿女出世之时，十月末痢疾又盛行一次。七八月的大热天,苍蝇也怕热,痢疾的高潮也就低落了。在冰雪的冬天,苍蝇归隐,痢疾没有声息了。

现在,苍蝇仙子正在大忙特忙了。它们听说人类的大战就在眼前,它们很愿意来散花助战,助人类屠杀人类。战时紧张的局势,也迫着人类一切都公开地欢迎它们,公开的垃圾,公开的饭食。

听打花鼓的姑娘谈蚊子

有一天,太阳已经西落了,蚊子马上就要出巡的时候,我们弄堂里忽然来了一位打花鼓的姑娘。

她一面咚咚咚地打着鼓儿,一面张开嗓子高唱道:

说弄堂,话弄堂,弄堂本是好地方,
自从出了疟蚊子,十人倒有九人慌,
大户人家挂纱帐,小户人家点蚊香,
奴家没有蚊香点,身带着疟疾上病床。

我想,这曲儿我们大家都很熟识,只那词儿却有些新鲜。这是值得注意的。她又接着唱了:

说弄堂,话弄堂,弄堂年年遭灾殃,
沟壑不修污水涨,孑孓变成蚊娘娘,
多少人家给它咬,多少人家得病亡,
卫生不把疟蚊灭,到处寒热到处昏。

她能唱出这样含有科学知识的新歌曲,我想,这真是难得,又静听下去。

说弄堂,话弄堂,弄堂年年遭灾殃,

从前苍蝇争饭碗，如今蚊子动刀枪，
大街死去劳力汉，小弄哭着讨饭娘，
肚子还欠七分饱，哪有银钱买金霜。

（注：作者按，金霜就是金鸡纳霜的缩称，是一种治疟疾的特效药。）

这位打花鼓的姑娘，倒是一个有心思的女子呀！她唱完了，大家都叫好，我就上前问她道：

“你唱的这首凤阳歌，是谁改编过的词儿？跟我们从前所听到的大有些不同了。”

“是呀！今年五月中，我们村里来了一位什么昆虫学专家，对我说：‘朱皇帝已经死了好几百年了，还唱他干什么？这大热天年年害你们受苦的，害你们病死的，还是那疟……疟……疟……疟蚊子啊。这一类的蚊子，大多数都是从池塘的静水里出身哩。’他就把凤阳二字改成池塘，改编了凤阳歌，教给我们唱。从他走了之后，果然蚊子就一天比一天少了。

“后来我卖唱到上海，听说你们弄堂里蚊子也很不少。东区西区都有得着疟疾的病人。因此我又将池塘二字改成弄堂，唱给你们听。”

“你唱得很好！那个昆虫学先生还教你们些什么？难道唱了这首歌儿，蚊子就不敢飞来叮我们吗？”我又问了。

“呵呵！那位昆虫学家天天都召集了我们村里的男女老幼来听他讲演蚊子的故事哩。

“第一天他说：‘你们大概都是打过蚊子的人吧。可是，你们至多都只能打死眼前的蚊子。背后的蚊子，都打不着，这就等于不打。打蚊子是要一网打尽的啊！使你们睡觉的地方，成为无蚊的世界，这才能长久安心地度过了夏夜啊。

“‘不然的话，留下一只母花蚊，它也会照样地叮你一口，也许这一口就使你生病了，它胜利地飞走了。大约十天以后，又带领一群小蚊儿回来再跟着你捣乱了。

“‘别的蚊儿不要紧，它们里面若夹着一二疟蚊的女儿，那就不是好玩意儿了。

“‘你们平日看到了一只蚊子，都是挥手一拍就算了，不肯以眼睛上多用些工夫，蚊子的模样儿很多，仔细一看，也可以长些见识，何况有的蚊子，嘴里有毒，尤非认得它不可。

“‘看看它们翅膀上的花纹吧。普通的蚊子，那花纹并没有什么奇观异彩。如果发现了那花纹呈出特殊的斑点，头上又有长长的触须，粗粗的触角，那样子就有五分是可怕的母疟蚊了，再看它站立的姿势，如果身子向前倾，尾巴向上伸，那就一定是母疟蚊无疑了。这我们就非先下手不可，一次都不能让它白叮的。叮了就会发生疟疾的呀！不过各地方的疟蚊，它们的色彩，都有一些小差别。美洲的疟蚊和中国的一比，就大同而小异了。这你们若看多了蚊子，认真地去看它，对于本地的疟蚊，自然不久也就熟识了。若能自备一只放大镜的话，那就更妙了。

“‘讲起蚊子的翅膀，它是顶会飞的，我们的手掌往往赶不上它。所以要用蚊拍，最好是兽皮制的，拍子的面上又须钻有许多小孔，打时无风，蚊子不致惊走。铁纱的拍子用不得，它打在衣服上面，那衣服会打破，打在皮肤上面，人会叫痛呀！

“‘蚊子虽飞得满快，它顶多也飞不过二里多的路。但它多在半途就停下来休息了。或许在途中闻见了人味，碰到了肉香，它就认为不必再远飞了。

“‘凭它怎么飞，也飞得不高，高山的蚊子就比平地少。高到六千尺以上蚊子就绝迹了。所以大人先生们在牯岭避暑办公，用不着什么纱窗蚊帐，疟疾绝不会来惊扰他们的。疟蚊之来攻，最先受苦难的，还是我们这一大群光头赤脚没有保障的小百姓呵。

"'然而，蚊子是怕风的，大风起时，它们就不知去向了。然而，这年头，又哪里天天有大风呢？

"'蚊子又怕光，黑暗是它们的世界，黄昏以后它们出来打劫，黎明以后就四散逃避，有时竟认我们床下的破鞋里面为避光的好所在哩。所以光明来到人间时，什么蚊子都不必怕了。而在阳光的正面照射之下，它们是不到几分钟就要灭亡哩。'

"那时候，我们一般农民听了，觉得他的话有趣，也有道理。

"第二天，来的人愈多了。他就给我们讲蚊子娘娘下蛋的故事。他说：'蚊子的女儿，自从出嫁了之后，就很忙。它的丈夫什么都不管，只顾在田园中吃它的菜叶果皮，很少在我们人的身边来往，所以它的嘴没有那样尖，触须也较短而粗。它的女人就不同了，非吃血不可，这又是为着养育儿女打算的。它吃了人血，就不大怕冷，所以在北风一起的时候，它的公公叔叔都已死光了，它还能在壁下墙角躲来躲去，偷过了冬天，而蚊种也赖以保存。

"'天气转暖的季节，最好那华氏表的温度只升到七八十度之间，伊的姊妹们就翩翩然起舞飘到水边去了。有时我们很惊异：这么早就有这么多啦！其实还都是去年的蚊子。

"'它们飞到水边的目的，是负有传种的使命的。它们本来各有所好，有的爱明净的静湖，有的爱活泼的小溪；有的喜太阳走过的水面，有的喜树荫的遮蔽；但都须有点水草与水菌丛生在那里面，然而到了紧迫的时期，就连阶前檐下的积水，一沟一壑的泥水，垃圾桶里的破碗破瓦破罐头所剩余的污水，都可以据为临时的生儿下蛋之所了。横竖只需十天的工夫，至多也不过十几天，它们的小蚊儿即可远离水乡而飞游了。

"'你们若有放大镜的话，也可以到水边去，寻蚊子的蛋，认识它的模样儿，有一种蚊蛋儿似小船儿一般一个个地在水上排着，它们就是可怕的疟蚊之前身呀！至于普通蚊子之蛋，那都是近于鸭蛋式的，几个十几个集在一起。

“‘这些蛋儿们在水中，三天之后，一变而成仔虫，就是孑孓，这在疟蚊是卧在水面之下，没有气管；在普通蚊子是倒挂在水面之下，有专门通气的气管。七天之后，仔虫再变而为蛹。蛹在水面栖息，有些驼背老人的样子，头上有喇叭形的呼吸管，这在疟蚊是凹形而短，前面分裂。在普通蚊子是锥形而长，并不分裂。这些都是这两大类蚊子相同相异的各点。

“‘再过两三天，蚊子的形式成立了，就脱去它的蛹衣，在水面略停一下，双翅一振，嗡的一声飞走了。

“‘它飞走了，这是我们的不幸。在这里我们又当以先下手为强了。

“‘这在无用的塘水就当一切填满；在有用的池水就当养鱼铺油；在湖边河沿务必除尽水草；在沟壑及一切蓄水的地方，不要使污水停留；在井口须加盖。处处都使蚊子不得近水，没处下蛋，那蛋儿也无法生存。这是根绝蚊患的基本政策。’

“第三天，来听讲的人更多了。有好些人就嚷着问他：‘这两天我们给蚊子咬得更凶了，腿都抓出血来，您先生有什么切身的办法吗？’

“他又讲了很多，可惜我这儿不能细举了，现在把主要的说一说吧。‘蚊子叮人的时候大约可分为二期。从黄昏到我们上床睡觉时止为第一期。这一期以你们乡下人为最苦。乡下人在夏天以穿袜子为一桩难事，而其他各部的皮肤，又多尽量地公开展览，这是优待了蚊子，给它以吃血的便利了。纱窗你们又装不起，驱蚊的药品，如樟油、桉油、鱼石油之类也太贵了。农村经济的破产也助长了蚊子的势力，你们都是心有余而力不足的人呵。现在只有蒲扇子可以挥挥了，那是消极的，并没有脱离了危险。

“‘上了床一直到黎明为第二期。这一期是蚊子最紧张最活跃的时候。防御的法子,靠着蚊帐;没有蚊帐,靠着蚊香;乡下是有除虫菊、艾药可以代,效力如何,你们自己都有经验的。这若失败,疟疾突如其来,那就要靠着什么金鸡纳霜了。它是从外洋来的,要拿出法币去兑换;法币没有,那是九死一生的。这年头,向人借法币真是难上难呀!所以还是不等蚊子之来,先去水边布防,灭尽它的蛋儿。这种工作,非家家户户合力加紧地进行不可。’

“我们觉着他所讲的句句有理,就依他的话动工起来,他也忙着在一边指导我们,果然村里的蚊子就一天比一天少了。”

打花鼓的姑娘又到别的弄堂去唱了。我想,弄堂的夏天若没有蚊子,我们应当怎么快活。我又想,我们如能训练打花鼓之类的艺民,深入民间去宣传卫生,他们又有那通俗而伶俐的口齿,艺术的表情,大众是欢喜而容易接受的呵。

生物界的小流氓

有一群小流氓，

终年过着漂泊无定的生涯。

冷天它不怕，热天它欢喜；

旱天挨得过，雨天就淘气。

它的身子最轻，性子最耐，生活最自由。

随着风儿飘，逐着水儿流，上下四方云游。

说它淘气，也真淘气，植物碰到它要变酸，动物沾上它要溃伤。

说它有用，也真有用，它是我们造酒发酵的小司务，它又会制酱油、乳酪、臭豆腐。

它会变好，也会变坏；它会建设，也会破坏，只看人类怎生对付。

它的生殖快，地盘大，子孙多。

在微生物的家庭里，它算是细菌的老大哥。

它流浪成性，四海为家，又没有细菌那样奇怪的食癖，它什么都可以吃，它是比细菌更随便、更风流、更泼辣多了。

它的踪迹虽到处都可以发现，它的集团生活肉眼虽也可以看见，却没有病菌那么危险。虽然它也会害人生病，也会传染，人的衣服家具受它的侵害也不浅，被害的人类觉着它也真是十二分的讨厌,恨不得把它一网打尽。

然而,它是有世界性而又拥有广大群众的生物,它是地球上最普遍的一族,凭什么天大的科学本事,也难将它全屈服。

讲得这许多了,这一群小流氓,到底叫做什么,我们怎样称呼它,请问?

它是菌物界中的一大族,有人称它“霉菌”。

然而霉菌这称呼太笼统了。它是微生物界的菌类的总称,以示和蘑菇香蕈之类的大菌有别,实在不够表现出这一群小流氓的个性。

有人称它做“霉菌”。霉字有些雨意,是近于写实了。你瞧吧,在雨天,屋子里的空气潮湿不过,每件东西都会长霉,长出那讨厌的霉菌,那讨厌的小流氓,这称呼是比较切实而又通俗了。

又有人叫它做“丝菌”,那是因为象形了,这是法定统一的称呼。

它在空气中流浪,本是一颗颗直径不到十微米的芽孢,随风四散,一得到了根据地,就放出长长的一丝一丝的菌丝。这菌丝的本领可真不小,一头会钻,会刮地皮;一头会发芽生子,向空气中伸展它的势力。在温度和湿度都适合它的生活需要之时,就蔓延无已,使它所寄生的地方,起了恶劣的变化,内容是给它破坏了。它落在什么东西身上,什么东西就真是倒了霉了。

它的生殖法是比细菌略为讲究了。它的菌丝的上头会长出正直的茎儿,茎儿涨了,会放出很多的小苞囊,从每一个小苞囊里,一颗一颗的芽孢儿,如一串一串活珠儿一般鱼贯而出。这些芽孢儿的大集团,由我们的肉眼认真看去,有些花球儿似的样子,白的,黑的,红的,黄的,青的,绿的,色样很多,微风一拂,就四向飘散,又到空中流浪去了。

这些芽孢儿,偶尔落到水上,会在水面漂,一时不透湿,许久才沉下去,又在水中发育了。

它们有时又会放出似胶非胶的胶液,有时表面很粗糙,有时形状像一把小凿子。这大自然似乎看它流浪得可怜,有意地使它在迅风急流之中,得到抓住食物的便利了。

这是丝菌或称霉菌简单的典型的生活史。这里所谈的是举一种粗头丝菌,叫做"麦菌"的做代表。还有那像笔头的笔头丝菌,有子囊的子囊丝菌,那都不在话下了。

据说,科学先生研究丝菌的形态已经有三百多年的历史了。他们已发现的丝菌竟有三百种之多,这是依形的大小长短,色的差异而分类的,生物界的小流氓有这么多种吗?于是有人就加以考虑了,以为有好些种都是某一种的变化,这一种是受了气候和食物不同的影响而暂时变形变色了。后来,有一位植物学者把这些错杂的分类归纳起来,分为十六大种。这十六大种是很容易在显微镜下一一分别出来,算是丝菌的十六个代表团了。然而,当它们这一群在自然界流浪的时候,是五方杂处不分界限的,所以当我们发现了一件东西长了霉的时候,常见那情形是非常乌七八糟,不止一种混在一起呀!

科学先生为了要研究丝菌和人生的关系,就请它到试验室的玻璃瓶去住,给它预备了好些食粮,又知道它的胃口好,就拿了各种无机盐,那些从来没有生命的东西,请它吃。它,除了碳之盐绝对吃不下去之外,其他的盐类如铁之盐,硫之盐,钾之盐,磷之盐,不论什么盐,也件件都吃,吃了就会生殖,它这一群小流氓真是无所不吃的生物呵。

这丝菌又是最不怕干的生物。牛羊的饲料,干草之类的东西,含水的量几乎等于零,也常发生红的霉,黄的霉,绿的霉;果酱、冻膏、腌菜、枫糖、咸肉、咸鱼之类,半干的东西,不时都会长出黄黄的霉。鞋皮、画皮、箱皮,一切兽皮制成的东西,水量也很少,可是,许久不见了,就生满了绿霉。这些都是丝菌淘气的地方,把我们的食物家具都弄坏了。

这一到了科学先生的手里，就可以化丑为良了。他知道它会吃皮革，就利用它来制鞣酸；会吃干草，就利用它来制草酸；会吃水果，就利用它来制柠檬酸。这三种有机酸在化学工业上都有很大的用途。它既会制自然请它去制，为省事而又便宜。在这里通常所用的是一种黑霉，黑色的丝菌。叫它去吃糖，它能化糖为酸，而化学工业者坐享其成了。

黑霉又会酿。我国台湾岛上的发酵工业都是利用它。在中国、日本及南洋群岛一带，用的是另一种丝菌，黄绿色的霉，来制酒了。在这儿，那丝菌是和酵母分工合作的。这儿先叫它去吃米粉，它任由米粉变成糖水的工程，好让酵母，这菌物界的另一大族，来完成后一步的工作——将糖水变成酒。我们的黄酒、高粱酒等，大概就是这样的制法吧。

丝菌不但会分解糖、米粉之类的碳水化合物，而且会分解蛋白质，尤其是豆科植物的蛋白质。我国的豆制食品工业是大大地利用了它了，什么酱油、豆腐、臭豆腐之类的东西，我们差不多天天吃它们，还不知道这些都是丝菌，这生物界的小流氓的作品啊。

可见，这小流氓平时虽然淘气，请它到生物的游民习勤所——试验室里去，好好地教养它，多学习些如发酵之类的手艺，也可以养成为生物社会上有用的分子了。

淘气，真不要让它过分地淘气，不然，它的野性一发，连有呼吸的东西，有生命的组织，也要乱吃，那事情就太糟不容易收拾了。不但鸡鸟受其害，牛羊受其苦，人类也大受其累了。

鸟兽及人不时都会发生丝菌性的传染病呀！

丝菌这小流氓，若逞凶起来，它落到皮肤，皮肤就起了溃疡，吸入肺部，就发生肺炎呀！这虽不常见，也没有毒菌的正式军队来得声势煊赫，然而这浪人式的侵略也不容易消灭的呵！

细菌世界探险记

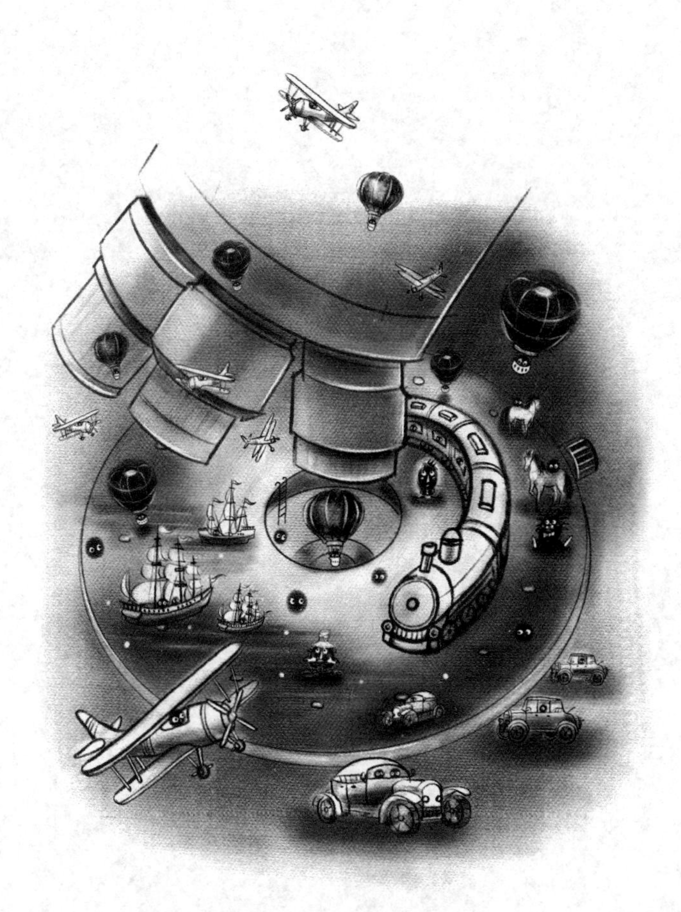

到细菌世界去旅行

到肉眼看不见的细菌世界去做一次探险的旅行,是一件非常有趣味的事。成千成万的医药卫生工作者,都曾经做过这样的旅行。

我们要有一架高倍的显微镜,才可以到细菌世界去。在各大医院里、各大学校里、各微生物学研究所里,都有这样的显微镜。

第一个到细菌世界去的探险家是列文虎克。他是荷兰德尔夫市市政府的看门老工人,又是一位制造显微镜的能手,生平唯一的嗜好就是制造显微镜。他造了二百多架显微镜,想在显微镜下面,发现各种小东西的秘密。有一天,他在他自己嘴里的齿垢中发现了细菌,他惊奇地叫道:"这些微生物真小呀!小到比我们的头发尖,比最小的沙粒,比跳蚤的眼睛还要小好几百倍。"有一天早上,他喝了一杯热咖啡,把嘴里的细菌都烫死了。那一次,他再也找不到细菌的影子,他很失望地说:"我的小生物失踪了。"

这消息传出以后,引起了欧洲科学界的极大注意,大家都传为奇谈。但是没有人想到,这些细菌会有什么了不起的作用。

这是 17 世纪的事。

过了两个世纪，细菌探险家巴斯德为了研究葡萄酒和啤酒的毛病，他发现，如果有一种外来的细菌跑到酒桶里繁殖起来，酒就会变臭，变酸。后来他研究蚕的病、母鸡的病和小羊的病，都发现有细菌在这些动物的身体里面捣鬼。于是他就宣布这些细菌为传染疾病的罪犯。

同时，另外一位细菌探险家柯赫发明了检查细菌的染色法，将细菌的身体染上蓝的、红的、紫的各种颜色，使它们能更明显地现出原形来。他又发明了各种培养细菌的方法，将细菌关在玻璃管、玻璃瓶和玻璃碟里面，用各种液体和固体的食品喂它们，作为研究的材料。他又拿小白鼠、天竺鼠、小兔、小猫、小猴儿等动物，做细菌的试验品。到细菌世界去旅行探险的技术和装备，一天比一天进步了；去探险的人，也一天比一天多起来了。

我现在综合各位细菌探险家的旅行笔记，做一个简单的报道，使没有机会去旅行的人，也能明了细菌世界的情况。

细菌有多么小

细菌是极小极微的生物，显微镜发明以后，人们才认识了它们的面目。

有的说："细菌是肉眼看不见的东西，我们的眼珠就比它大多少万倍呀！"

有的说："好几十万个细菌挂在苍蝇的毛腿上，我们也看不出来。"

有的说："一根汗毛、一粒最小的灰尘，也比细菌重几百倍。"

有的说："针头那么大一点儿地方，就可以容纳几万万细菌。"

有的说："一滴污水里，可以含有几百万到几千万个细菌。它们在一滴水里面游泳，就好像鱼在大海里一般。"

细菌究竟有多么小？

我们要拿特别的单位去量它，这个单位就是“微米”，1微米等于千分之一毫米。普通杆状的细菌，平均大小长约2微米，宽约0.5微米。最大的球状的细菌，它的直径也有2微米，普通球状的细菌的直径只有0.8微米。最长的细菌为回归热螺旋体，它长约40微米。最小的细菌长约0.5微米，宽约0.3微米。所以到细菌世界去旅行，非带着显微镜不可。

细菌是什么样子的

我们在探险旅行中，只要有一架可以放大到一千倍左右的显微镜，就可以看见细菌的形状了。我们把捉到的带有细菌的东西挑下一点点涂在玻璃薄片上，和上一滴清水，放在镜台上，把镜筒上下旋转，把眼睛搁在接目镜上一看，镜中就隐约现出细菌的原形来。

但是，这样看法，还看不大清楚。要是用了染色法，把细菌涂上颜色，看起来就轮廓明显，内容清晰，而且可做种种的分类了。

就其轮廓看来，细菌大约有以下几类：像菊花似的放线菌；像游丝似的丝菌；像断杆折枝似的枝菌（即分枝杆菌），像小皮球似的球菌；像小棒似的杆菌；弯腰曲背的弧菌。那些弧菌之中，有的多弯了几弯，像个小小的螺丝钉，又叫作“螺旋菌”。

我们遇见的这些细菌，很少是孤零零的漂泊汉，它们都爱成群结伴地到处游行。在球菌中，有的像一串串的葡萄，几十个、几百个连在一起，叫作“葡萄球菌”；有的连成长长短短的珠串，叫作“链球菌”；有的拼成一对一对，叫作“双球菌”；有的整整四个拼在一处，叫作“四联球菌”；有的八个叠成个立方体，叫作“八叠球菌”。

在杆菌中，有的是一节一节的，像竹竿；有的身体胖胖的，像马铃薯；有的大腹便便；有的两头尖尖；有的头上长着芽孢，像个鼓槌；有的身披一层荚膜，像个豆荚；有的全身都是鞭毛；有的头上留着辫子；有的既有辫子又有尾巴；长长短短，大大小小，形形色色，无奇不有。

细菌是怎样生活的

我们在细菌世界里旅行，看见细菌都在吃东西。

细菌是贪吃的小家伙，它们一碰着可以吃的东西便抢着吃，吃个不休，非吃得精光不可。但是它们有的只吃荤，不吃素；有的只吃素，不吃荤；所以，病菌有动物病菌与植物病菌之分。大多数的细菌都是荤素兼吃。也有的细菌荤素都不吃，而去吃空气中的氮或无机化合物，如硝酸盐、亚硝酸盐、氨、一氧化碳之类。此外，还有吃铁的铁菌，吃硫磺的硫菌。更有专吃死肉不吃活肉的腐菌，专吃活肉不吃死肉的病菌。麻风的病菌只吃人和猴子的肉，不肯吃别的东西。平常住在人或动物身上的细菌，到了水里或土壤里就要饿死。但是结核杆菌及鼠疫杆菌等穷凶极恶的病菌，就很调皮，它们离开了人体，也能暂时吃别的东西维持生活。

在吃的方面，细菌有一些脾气和人类差不多：太酸的不吃，太咸的不吃，太干的不吃，淡而无味的也不吃，大凡合人类的口味的东西，也就合它们的口味。所以人类正吃得津津有味的时候，想不到它们也在那里不声不响地偷偷吃着。

人类的肠子是细菌的大菜馆；牛、羊、猪、狗、鱼、虾、蜗牛、蚯蚓的肠子，也都是细菌的大小饭庄；地球上所有的粪堆和垃圾堆，都是细菌的大酒店。

细菌的呼吸也有些特别。平时，它们固然尽量地吸收空气中的氧，但是，它们也常常爱躲在低气压的角落里，躲在黑暗潮湿的地方活动。所以，一件东西腐烂的时候，都从底下烂起。有时它们完全不需要空气，也能生存。

细菌落到有食物和水的地方，就很快地繁殖起来：一个分裂成两个，这样一变二，二变四，四变八……一直变下去，大约每隔二十分钟分裂一次；二十四小时以后，就可以变成几十万万个。

但是，它们的繁殖常常受到气候和环境条件的限制。在冰箱里，大多数细菌都停止了繁殖，所以我们的食品能保存很久。在室内的温度下，普通的细菌都很容易生长；人和动物的体温，最适合大多数病菌的生活；有的细菌，如吃硫磺的硫菌，能在温泉过日子。一过 60℃，病菌就不能活；一过 100℃，全部细菌都要被烫死。所以我们要喝煮开的水，要吃煮熟的食物。

此外，细菌顶怕太阳光中的紫外线，顶怕消毒药品，如升汞水、石炭酸水、来苏水、生石灰等。

以上这些，都是我们在旅行中亲身看到的细菌的一般情况。

大地上的清洁队员

我们这些细菌世界的探险家，先到土壤国去旅行。在那里，我们遇着一批又一批的细菌，都在日日夜夜忘我地工作。

它们虽然是非常渺小的生物，但是它们的工作却非常伟大：它们是土壤里的劳动者、大地上的清洁队员。它们的工作是清除腐物。

清除腐物，在自然界中，是一件浩大无比的工程，别种生物是担当不了的；没有细菌的劳动，恐怕全地球都要变成垃圾山和臭尸场了。

地面上几千万万的动植物的尸体都到哪里去了？那就要问土

壤细菌——这些大地上的清洁队员了。

一切生物都要死亡，一切生物的尸体都要腐烂，一切腐烂的东西都要分解而变成土壤里的肥料，这些工作，都由土壤细菌——这些大地上的清洁队员来担负。

旧的细胞必然会毁灭，新的细胞必然会产生，这拆散旧细胞的工作，就是大地上清洁队员的任务。

土壤细菌不但会使地面清净，而且还给新生命准备好丰富而容易消化的食粮。因此，土壤细菌，这些土壤中的劳动者，就是我们农民的好朋友。

农业劳动模范

在土壤国，我们参观了细菌的农场，会见了三位农业劳动模范。这三位模范都是会制造硝酸盐的。但是，它们的做法各有不同。

第一位农业劳动模范是化腐细菌。

它所用的原料都是从大粪、垃圾堆和一切腐烂的东西里来的。它把所有已经死亡的蛋白质都分解了，变成了简单的硝酸盐。硝酸盐是滋养植物主要的肥料。

第二位农业劳动模范是氮化细菌。

我们知道，硝酸盐含有大量的氮，氮是动植物身体里面最主要的建设元素，是构成蛋白质的主要成分。蛋白质和生命是分不开的。什么地方有生命，什么地方就有蛋白质。没有蛋白质就没有生命。

我们又知道，空气中含有大量的氮，约占空气的五分之四。但是，植物不能直接吸取空气中的氮。亏得氮化细菌自告奋勇来帮忙了，它们把氮造成硝酸盐，供给植物营养。

第三位农业劳动模范是根瘤细菌。

我们知道,豆科植物的根上长着许多小瘤,就叫作“根瘤”。这根瘤里面,生活着大群的细菌,这种细菌也能够从空气中吸取氮,把氮制造成硝酸盐。根瘤细菌在土壤里面,可以增加土壤的肥沃。所以种过豆科植物的田地,再种裸麦和小麦,可以得到丰收。

细菌可以用人工方法来大量培养。这些土壤细菌现在有制造成的成品,已经在农业上应用了。这些细菌我们应该充分利用它们来改造世界。

发酵的小技师

从土壤到空气的路上,我们参观了发酵工厂。首先,我们在酒桶里会见了酿母菌。它圆圆胖胖的,很像小鸭蛋儿。它又叫作“酵母”,是细菌族里的老大姐、发酵的小技师。它有一套特殊的技能,一落到准备好的糖汁、果汁的酒桶里面,在适当的温度下,就会将糖分解,变成酒精和二氧化碳。制成的酒装在坛子或瓶子里,封严了,不让空气进去,再经过蒸煮灭菌,就可以保持很久而不坏。但是,如果封得不严,让空气偷偷钻了进去,那酒就会变酸了。为什么呢?因为空气里的醋菌窜进去捣乱啦!

醋菌也是发酵的小技师,不过它不会造酒,只会造醋。

酵母菌不但会酿酒,还会使面团发酵,做成馒头或面包。

我们又到牛奶工厂里去参观,在牛奶瓶里,我们访问了乳酸细菌。它是制造酸牛奶的技术专家,能把牛奶里的乳糖变成乳酸。酸牛奶对于人的肠胃是很有益处的。

乳酸细菌又会使萝卜、白菜等发酵,制造成酸菜。

我们又参观了其他各种发酵工厂,看到了黑霉菌、白霉菌、黄霉菌、绿霉菌,这些霉菌是细菌世界里最普遍的一族,也是一群无所不吃的生物,“丝菌”是它们的别名。它们吃了五倍子,就制成鞣酸;吃了干草,就制成草酸;吃了水果,就制成柠檬酸。这许多酸,在化学工业上有很大的用途。

它们也会酿酒,在酿酒的过程中,它们是和酵母菌分工合作的。

它们还会制造酱油、豆腐乳等食品。

酵母菌、醋菌、乳酸菌、霉菌,这些发酵的小技师,都是食品工业中的功臣。

空中强盗

我们离开了发酵工厂,就到空气中去旅行。在空气王国的灰尘都市里,我们会见了不少的细菌和它们的芽孢。

在这些细菌灰尘里面,杂夹着许多种细菌强盗,它们都是传染疾病的罪犯。

最著名的有十大强盗:伤风病毒、天花病毒、流行性感冒病毒、麻疹病毒、猩红热链球菌、肺炎球菌、脑膜炎球菌、白喉杆菌、结核杆菌和百日咳杆菌。

这一群空中强盗,都爱在人群拥挤的场所,特别是工厂、营房、戏院和学校里活动。

我们人类的肺、喉咙、扁桃腺、口腔和鼻腔,都是它们隐藏的地方。在我们谈话或咳嗽的时候,它们就会跟着痰花或唾沫喷射出来。这些痰花、唾沫和灰尘相伴,在空气中飞扬,到处传播。因此,在它们周围的人们,都有受传染的危险。尤其是在天气寒冷的季节,人们的呼吸道上的戒备松懈,细菌空中强盗就乘虚而入。有的靠它们强盛的繁殖力,不久就占领了全肺;有的盘踞在咽喉,它们的猛烈的毒素,可以流到人的全身。

然而,细菌强盗要攻陷我们人体的肺部,也不是一件容易的事,它们要冲过三道防线。

第一道防线是鼻毛。鼻毛像铁丝网,挡住细菌的去路。

第二道防线是扁桃腺。扁桃腺像堡垒,阻止细菌的前进。

第三道防线是纤毛。纤毛是保护气管的门户,驱除细菌过境。

就算它们冲过了气管、穿破了血管,我们的白血球战士也会马上赶来和它们作战,把它们包围消灭。如果白血球打不过它们,那就要请身体外面的救兵了。

这些救兵就是疫苗、血清、抗生素和磺胺剂等药品。

此外,我们必须注意,在人群拥挤的地方和灰尘飞扬的时候,要戴上口罩。

食桌上的凶手

离开了空气,我们就到食桌上去参观。

摆在我们食桌上的食物,多半受过生水的冲洗、苍蝇的打劫和污手的沾染,不少的细菌都附着在上面。

如果食物没有煮沸,消毒不彻底,或者做好之后管制不严密,保护不周到,三种杀人的细菌凶手,就很容易混进我们的嘴里。

哪三种? 一是霍乱;二是伤寒;三是痢疾。

霍乱细菌是一种弯腰曲背的弧菌,头上有一根辫子似的鞭毛,能在水里飞快地游泳。人们要是把它吞到肚子里去,不到一两天的工夫,病就发作起来。那病人上吐下泻,吐出来和泻出来的东西,都像稀米汤。他的身体就很快地虚弱下去。

伤寒细菌是一种杆菌,满身都有胡子似的鞭毛,也能飞快地在水中游泳。人们要把它吞到肚子里去,它就很快地在肚子里面繁殖起来,穿破肠壁,闯进血管,使那病人全身发烧,体温像台阶似的一天天地升高。在他的肚皮上,还会出现玫瑰色的斑点。

痢疾细菌也是一种杆菌,全身精光,没有鞭毛,也不会活动。但是,它一到肚子里,就会咬破肠壁血管,使那病人发烧,肚子泻,一天能泻几次到几十次,大便有脓有血,脓多血少。

这三种细菌,都是拿大粪作它们的大本营。水、没有消毒过的羊奶、没有煮熟的食物、没有去皮的水果,都是它们的根据地。苍蝇和污手,以至于病人吃过、穿过、用过的东西,都是它们的交通工具。

所以我们要提高警惕,严防这些凶手向我们肠胃进攻。必须注意饮食卫生,要喝煮开的水,要吃煮熟的饭菜,水果要洗净去皮或用开水烫过,不要吃苍蝇爬过的东西,食前和便后都要洗手,病人的排泄物和病人吃过、穿过、用过的东西都要彻底消毒。

这些预防方法,说起来很容易,做起来却未必能周到。所以要预防万一受传染起见,我们必须增强身体防卫的力量,那就是打防疫针。

打防疫针,就是用杀死了的或已经消灭了毒力的病菌制成疫苗,注射到人体内。比如:霍乱免疫苗,就是用杀死了的霍乱病菌制成的,打入身体以后,血液里就产生一种抗体,能够消灭霍乱病菌。伤寒和痢疾也有伤寒和痢疾的免疫苗。

昆虫队伍里的侵略军

最后,我们到了细菌世界的昆虫国。

这些昆虫和细菌一样,都是爱肮脏,喜潮湿。因此,它们就很容易勾结在一起,向人类进攻。

这些昆虫都是会蹦、会跳、会爬的小动物,它们都有三对灵活的小脚。有的脚尖会放出一种黏液,能在光滑的玻璃窗上爬来爬去。它们到处乱爬,就很容易沾染上细菌,传播细菌。

许多昆虫有轻纱似的翅膀,它们都会飞翔。它们活动的范围扩大了,散布细菌的区域也越加宽广了。

这些昆虫都是乱叮、乱咬、乱吃的小动物,它们是细菌的交通工具,常常把细菌送到人的身体里面去。

在这些昆虫的队伍里面,最出名的就是苍蝇、蚊子、跳蚤、臭虫、虱子、白蛉,还有属于蜘蛛一类的壁虱等,它们都是细菌的帮凶,传染病的媒介。

苍蝇是传染霍乱、伤寒、痢疾的媒介。

蚊子是传染大脑炎、疟疾、黄热病等的媒介。

臭虫是传染鼠疫、鼠型斑疹伤寒等的媒介。

虱子是传染斑疹伤寒、回归热、战壕热等的媒介。

白蛉是传染白蛉热、黑热病等的媒介。

壁虱是传染回归热、落基山斑疹热、兔热病、苏联型脑炎等的媒介。

这些都是传染疾病的侵略军。

在昆虫国旅行的时候,大家都要穿上长筒的袜子,扎紧裤管和袖口,戴上手套和口罩,还要保护眼睛。不要赤手去抓虫,也不要赤脚去踩虫。要用捕虫网来捕虫,要准备好滴滴涕、六六六和除虫菊去喷射杀虫,用火来烧虫或用土来把虫子掩埋起来。时时刻刻都要提高警惕,别让虫子咬你一口。

知识链接

【科普常识】

一、作家介绍

高士其(1905—1988),原名高仕錤,祖籍福建福州,中国著名的科学家、科普作家、教育家。

1918年考入清华留美预备学校。1925年赴美深造,考入美国威斯康星大学化学系。后又进入芝加哥大学医学科学研究院,攻读医学博士学位,其间由于实验事故感染脑炎病毒,造成终身残疾。1930年回到祖国,作为全国五个微生物学家之一,受聘于南京中央医院,担任检查科主任。不久,因与腐败罪恶的社会现象格格不入,愤然辞职,开始在上海亭子间创作科学小品。

1935年起,高士其正式投入文化抗战之中。他于1935年在《读书生活》上发表了第一篇科普作品《细菌的衣食住行》,并将原名"高仕錤"改为"高士其",意为:"去掉人旁不做官,去掉金旁不要钱。"至1937年抗日战争全面爆发前夕,共发表了百余篇科学作品,其中抗战题材的作品占六成,如《我们的抗敌英雄》《抗战与防疫》等作品。还翻译过《世界卫生事业的前景》《细菌学发展史》等文章。作为一名科学家,他准确预见了细菌战的可能和反细菌战的必要。高士其是抗日战争时期影响最大的科普作家。抗战全面爆发后转至延安,1939 年入党。不久,又辗转香港、重庆、桂林等多地,治病及写作。1949 年 5 月回到北平。

新中国成立后,先后任中华全国科学技术普及协会全国委员会委员、顾问,中央文化部科学普及局顾问,中国人民保卫儿童全国委员会委员,中国科学技术协会全国委员会委员、顾问,中国文联全国委员会委员及中国作家协会顾问,中国科普创作协会名誉会长,中国科普研究所名誉所长,第一至第六届全国人民代表大会代表等。

高士其是一位有担当的科学家。尽管在“文革”期间被剥夺了工作的权利,但仍坚持向全国人大、国务院和有关政府部门写了十几封建议书,要求恢复科普事业和科协工作,并为新科协的建立做出了不可磨灭的历史性贡献。同时领导了中国科普创作协会的成立,并创建了中国科普研究所。

高士其是一位有钢铁般意志的科普作家。即便数十载病魔缠身,仍坚持完成自己的历史使命。早年他用口述的方式创作了一部部影响深远的著作;在 1977 年底的一场重病后,失去口述能力的他,便开始锻炼停止了四十年的动笔写字,并在晚年撰写了几十万字的回忆录。

高士其是一位有责任感的教育家。他以“把科学交给人民”为己任,不仅以文字的方式向人民传递科学知识,更是亲自关照广大青少年群体。新中国成立后,他经常在自己的家中接待小读者们,他的精神感染了一批又一批的孩子们。

1988 年 12 月 19 日,高士其逝世,享年 83 岁。中央组织部根据其一生的表现,在悼文中称他为“中华民族英雄”。1995 年,中国科协成立了“中国科学技术发展基金会高士其基金委员会”,并设立了“高士其科普奖”。1999 年 12 月,经国际小行星命名委员会审议通过,将国际编号为3704的小行星正式命名为“高士其星”。

二、作家评价

高士其作为中国科普事业的奠基人,早已在中国人民的心中深深地扎下根。作为身残志坚奋斗不息的典型,他的科学精神、拼搏精神、献身精神,自30年代迄今教育了中国一代又一代的青年。他的传奇经历,他的人格力量,闪耀着人类精神的光芒,也受到世界人民的尊敬!

士其同志,一生从事“把科学交给人民”的工作,是中国科普事业的光辉旗帜,是中国科普界众望所归的领导人。

——吴阶平:《全国人大吴阶平副委员长在“高士其星”命名仪式上的讲话》,《高士其自传》,科学出版社2015年版

假如儿童文学作者是儿童精神食粮的烹调者的话,那么,高士其就是一位超级厨师!……高士其就是全心全力地把科学知识用比喻、拟人等等方法,写出深入浅出,充满了趣味的故事,就像色、香、味俱佳的食品一样,得到了他所热爱的儿童们的热烈欢迎。

——冰心:《高士其全集·序》,航空工业出版社2005年版

科学与诗,似乎是对立的。高士其同志把它们紧紧地联系在一起了。联系得那么自然,那么好。他的科学诗,不但使儿童和青年们从中得到宝贵的知识,即使像我这样上了年纪的人,读了也获益良多,开扩眼界。

——臧克家:《高士其的诗和他的人》,《高士其及其作品选介》,河北人民出版社1982年版

不成问题，科普读物作者首先必须懂得科学，他们必须是科学家，然而他们又必须是文学家，必须兼做文学家。他们还必须懂得把科学和文学结合起来。高士其同志是我们的范例。

——严文井：《时代的需要——为〈高士其及其作品选介〉而作》，《高士其及其作品选介》，河北人民出版社1982年版

我们追忆高士其，为他惊人的毅力而震撼。……

我们追忆高士其，为他高超的笔法所打动。使科学知识脱下庄重的礼服，为广大读者所喜闻乐见，……是高士其一生的目标。他的作品立意深远而文辞浅显，小学生都可以读懂；大量拟人化的比喻、口语化的叙述，开科普创作之一代新风；……

我们追忆高士其，传续前人积累的财富。我们追随高士其，播种后代精神的食粮。

——杨建：《追忆高士其》，《人民日报》2005年11月2日

三、作品评价

文艺性、科学性与思想性是高士其对科学文艺作品提出的三个基本要求。除此之外，高士其还指出，在创作科学文艺作品的时候，“还要创新，要突破，要有独创风格，要有特色，要有民族风格、地方色彩、中国气派、民间作风”。20世纪30年代，高士其在中国科普创作的这块贫瘠的土地上实践着本土化，将自己所学的先进的科学知识用老百姓所喜闻乐见的方式表现出来。高士其借科学小品的体裁承载科学知识，这是科学知识传播过程中在体裁上的一种创新。新中国成立后，高士其又开创了现代科学诗这一新体裁，将科学知识用诗歌的形式表现出来。这种新的体裁符合中国人的审美需求，因此，使得人们在获取科学知识营养的同时，也得

到了美的享受。

——刘树勇、张文秀:《高士其的科普创作思想》,《科普研究》2009年第4期

高士其同志的作品常常喜欢用自然界某一事物自己“旅行”的叙述方法,来说明某一事物。

……

“灰尘是地球上永不疲倦的旅行者……”(《灰尘的旅行》)这当然也是一个很好的比喻。……这篇文章用的是提问题,答问题,寻根问底,步步深入的写法。灰尘既然是到处都有,那么,灰尘在自然界里究竟有什么功用呢?给人带来什么好处呢?灰尘是从什么地方来的呢?对人有什么害处呢?能不能受到人的控制呢?……

然而,这篇文章又绝不同于一般问答式的文章,不是平铺直叙,而是有起伏,有烘托,有渲染,全篇形成了一幅色彩分明,浓淡相宜的图画。

当我们读一篇小说,读到情节高潮的时候,是难以释手的。把全篇读完之后,我们还忘不掉那个高潮。这就是说,有了那个高潮,全篇故事就有了生气。其实,无论写什么文章,往往都需要有一个高潮,有一段惊人的笔墨,也就是所谓“画龙点睛”。拿《灰尘的旅行》这篇小品文来说,作者就是从很多的材料中间,挑选了一个最有吸引力、最惊人的材料,安插在最适当的地方,来说明灰尘的旅行经历确实极不平凡。

——黄树则:《“生花之笔”谈》,《走近高士其》,河南大学出版社1998年版

三十年代初,高士其一面撰写科学小品,一面开始了科学诗的创作,他的《听打花鼓的姑娘谈蚊子》在描绘上海滩劳苦大众的疾

苦的同时,侧面写出了疟蚊的危害及有关预防疟疾的知识,可谓我国最早的科学诗作之一。四十年代,高士其创作了著名的《天的进行曲》,这是科学文艺史上所罕见的科学长诗。五十年代,高士其的科学诗创作进入盛期,仅新中国成立十七年间就出了许多诗集,约九千多诗行。粉碎"四人帮"以后,高士其诗兴空前高涨,几年内,又为孩子们创作了大量诗篇。他的著作仅结集成册的就有《细菌与人》《细菌的大菜馆》《抗战与防疫》《揭穿小人国的秘密》《我们的土壤妈妈》《科学诗》《杀菌的战术》以及《你们知道我是谁?》等二十多本。统观我国科学文艺的发展史,不难看出,高士其的作品在科普艺苑的首创地位和开拓作用,更不难得出结论:高士其不仅是我国科学小品的一位创始人,更堪称我国科学诗的鼻祖与高产诗人。

高士其的科学诗,能将广博、精确的科学内容、深刻的思想教育意义和感人的艺术魅力融集于一身,这的确是难能可贵、值得学习与借鉴的。

——浦漫汀:《论高士其的科学诗》,《承德师专学报》1982 第 3 期

高士其的很多科学小品文都是辞趣翩翩,深入浅出,有声有色,这要归功于修辞的运用。……拟人手法是高士其科学小品文修辞上最鲜明的特色。在他的笔下,细菌、疾病、苍蝇、蚊子、眼镜等都可以被赋予人格,他们会思考、有喜怒哀乐、也需要衣食住行,活泼又形象,拉近了与少年儿童读者的关系。例如《我的籍贯》这样开篇:"我们姓菌这一族,多少总不能和植物脱离关系罢。"小小细菌在作者笔下大有摇身一变成名门望族的架势,活泼又生动。……此外还有"灰尘是地球上永不疲倦的旅行者,它随着空气的动荡而飘流"(《灰尘的旅行》),"蚯蚓先生和蜜蜂姑娘都是农民的好朋友,他们一生都在辛勤劳动……因而他们和人民的关

系是非常友好的”(《蚯蚓先生和蜜蜂姑娘》)等等,都有一个“一语令人生奇”的好开头。

……

科学与诗结合起来,形成别具一格的科学诗。高士其还是一位科学诗作家,叶永烈评价高士其的科学诗是“诗中有科学、科学中有诗,又生动,又活泼,朗朗上口,精炼隽永”。高士其常用科学诗为科学小品文开篇,使得文章情感饱满、文采飞扬、富于感染力,如《腔肠里的会议》《清除腐物》《土壤革命》等文章。这里仅以《清除腐物》篇头的科学诗进行例说。……这是一首以拟人手法、第一人称自述方式写成的感情色彩强烈的科学诗,作者一方面形象地展现出科学家进行的细菌实验场景,另一方面又道出了细菌对科学家们“抽出片断的事实,抹杀了我全部的本相”的控诉,顺势引出细菌具有清除腐物功能的事实。人们的错误认识与事实真相之间形成的强烈反差制造出戏剧性的冲突,表达艺术效果明显。此外,高士其也经常在科学小品文中间使用科学诗,如《呼吸道的探险》《我的家庭生活》等。

——张志敏:《高士其科学小品的开篇艺术》,《科普研究》2018 年第 5 期

四、关于科学小品与科学诗

科学小品是借助文学写作手法,将科学内容生动、形象地表达出来的一种文学体裁,以传播科学知识为主要功能,融科学性、知识性、趣味性于一体,有短小精悍、通俗易懂、语言丰富多彩、形式生动活泼的特点,深受大众喜欢。科学小品发端于 20 世纪 30 年代的《太白》半月刊。《太白》半月刊自创刊时便设“科学小品”专栏,聚拢并形成了以周建人、顾均正、贾祖璋、刘熏宇等为代表的中国第一代科普作者群体。此后,科学小品作为一种独立的文学体裁逐渐在文坛形成,并成为大众科学教育的先锋。生活书店、

开明书店、商务印书馆陆续推出各种“科学小品集”，为科学大众化、科学救国、科学普及提供了可观的典范文本。

科学诗是诗歌创作中以科学为题材的特殊品种，代表作家有高士其、叶永烈、刘兴诗等。据古远清先生的《诗歌分类学》介绍，早期的科学诗从内容上可分为三大类：“一是鼓舞、激励人们为实现科学技术现代化奋勇攀登的坚强决心的。如郭沫若20世纪50年代写的《向科学大进军》，叶剑英为庆祝科学大会而作的《调寄忆秦娥》，以及《攻关》诗等。二是为科学家塑像，表现他们的英雄业迹的。如毛志成的《巧匠颂》《科学的星座》，分别对我国历史上的巧匠鲁班、祖冲之、毕昇以及世界上著名的科学家伽利略、牛顿、达尔文、孟德尔、居里夫人、爱因斯坦进行了赞扬，并号召人们学习他们的高尚情操和献身精神。三是打开广阔的科学世界大门，向广大读者传授科学知识的，这在科学诗中占最大比重。如高士其1959年出版的《科学诗》，收集了这位科学家十几年来的创作成果。这些作品，选材异常广阔：宏观大至宇宙，微观小至原子，远观至上古猿人，近观至人造卫星等。”

【要点提示】

一、微生物的分类

微生物是个体微小生物的统称，主要包括细菌、真菌、病毒和原生生物等类群。由于它们的形态、结构具有较大差异，在生物学分类中属于不同生物。细菌是单细胞生物，它具有基本的细胞结构，但是没有成形的细胞核，根据形态特征大致分为杆菌、球菌和螺旋菌等，本书中的“菌儿”指的就是细菌。真菌的细胞具有成形的细胞核，根据形态特征分为酵母菌、霉菌以及大型真菌（蘑菇），本书中分别将它们称为“酵儿”“霉儿”和“蕈”。这三类真菌中酵母菌是单细胞生物，后二者是多细胞生物，所以微生物并不都是肉眼看不见的。病毒是一类特殊的微生物，与其他类群不同，它是唯一不具有细胞结构的生物体，仅由简单的蛋白质外壳和遗传物质构成。病毒必须寄生在具有细胞结构的生物中才能生存，根据寄生生物的不同可分为植物病毒、动物病毒和细菌病毒，书中提到的“噬菌体”属于细菌病毒。另外，本书中还提到了“阿米巴”“青苔”，它们属于原生生物。“放线菌”则是不同于以上类群的又一类群。可见微生物包括的范围非常广泛。

二、微生物在自然界中的作用

首先，细菌、真菌可以作为分解者，加速生态系统的物质循环过程。当植物的枯叶掉落、动物排出粪便、动植物死去后，这些“遗体”中还保留有大量的有机物，细菌和真菌可以将这些有机物分解为水、无机盐和二氧化碳等无机物，归还到自然环境中，而绿色植物可以吸收利用这些无机物，通过光合作用再次合成有机物（在生态系统中，绿色植物被称为生产者）。

此外，还有一些细菌、真菌可以与植物直接形成互利共生的关系。例如，书中提到土壤里含有“根瘤菌”，它寄生在豆科植物的根内，从而获取植物体内现成的有机物；但同时根瘤菌可以将空气中的氮气转变为含氮的无机盐，提高了土壤的肥力，这些氮肥被豆科植物吸收后能够促进其自身的生长发育。

在野外的岩石表面，常常可以看到一种真菌和原始藻类共生的复合体，称为“地衣”。地衣在土壤形成中发挥着一定的积极作用：生长在岩石表面的地衣所分泌的多种酸性物质可以腐蚀岩面，使岩石表面逐渐破碎，加之自然的风化作用，慢慢在岩石表面形成土壤层，为其他高等植物的生长创造条件。随着植物种类的丰富，更多种类的动物会到此栖息，自然环境会变得越来越好。地衣因此被称为地球上的“拓荒先锋”。

当然，有些同学可能会想到，微生物在自然界中也有负面的作用，很多真菌、细菌和病毒都会引起动植物疾病，严重者甚至导致动植物的死亡。微生物引起的病害往往还有传染性，危害很大。但是在自然界中，病原微生物是需要寄生在其他生物体内才能维持自身存续的，这是其生存之道和适应自然的表现，而这相互制约的种间关系，保障了自然界可以维持在相对稳定和平衡的状态。

三、微生物与人类的关系

提起微生物与人类的关系，大家通常会首先想到各种引起人体病患的病菌。确实如此，一些细菌入侵人体会引发多种炎症，如扁桃体炎、肺炎等；真菌感染也会导致许多疾病，如浅表真菌侵犯皮肤、毛发、指甲等部位，会造成皮癣、灰指甲等病症；病毒引起的流行性感冒、脊髓灰质炎等也是儿童常见的疾病。虽然这些病菌给我们人类的健康造成了很大危害，但并不是所有的微生物都对人体有害。

许多微生物对人类是有益的，甚至是必不可少的。在人体肠道内寄生着 10 万亿个细菌，包括书中提到的“双歧杆菌”“乳酸杆菌”等。这些肠道菌群能合成多种人体生长发育必需的维生素，还能利用食物中的蛋白质残渣合成人体必需的氨基酸，它们也可以参与食物的消化分解，提高人体对营养物质的吸收效率。另外，有些肠道微生物还能帮助我们抵御病毒感染和降低自身免疫疾病的患病风险。日常生活中，我们可以饮用一些含有活的乳酸菌的饮料，这些有益菌定植到肠道中，可以帮助我们维持身体健康。

人类对微生物的利用由来已久。如我国自古酿造米酒便需要使用的酒曲中就包含酵母等多种微生物，古法酱油的制作需要曲霉，腐乳的制作需要毛霉。现代人对微生物则有了更进一步的利用,例如培育对人体具有很高营养价值的可食用的蘑菇,利用青霉菌生产用于治疗多种疾病的抗生素。人们还应用细菌来监测环境水质、净化水体、制作细菌肥料、防治虫害等。

【学习思考】

一、食品都有一定的保质期,过期食品可能会因菌群超标而无法食用。请选择一种你喜爱的食品,观察并总结家庭中保存食品的几种常用方法,结合细菌、真菌相关知识解释这些方法抑菌防腐的原理。

二、酸奶是一种营养价值较高的风味饮料。制作酸奶要以新鲜牛乳为原料,加入乳酸杆菌进行发酵。乳酸杆菌在无氧、38—40℃条件下会产生乳酸,乳酸使牛乳凝固形成凝固型酸奶。请搜索自制酸奶的步骤,尝试自己动手制作一杯酸奶吧,还可以根据自己的口味添加适量的糖或果汁、果酱,制作成风味酸奶。

三、按照我国的计划免疫要求,我们从小到大已经接种过多种疫苗,能够预防很多流行性疾病的发生。疫苗为什么可以起到预防传染病的作用呢?它进入人体后使人发生了哪些变化呢?为什么有些疫苗需注射多次而有些只需要注射一次呢?请查阅相关资料并谈谈你对这些问题的理解。

(北京景山学校生物教研组　谢震泽　编写)